IN DETAIL

House Design

Mc INTURFF ARCHITECTS

IN DETAIL

House Design

Mc INTURFF ARCHITECTS

国外花园别墅设计集锦

花园别墅 6

麦金塔夫建筑师事务所　编著
周文正　译

中国建筑工业出版社

著作权合同登记图字：01-2002-4832 号

图书在版编目（CIP）数据

花园别墅 6/ 麦金塔夫建筑师事务所　编著；周文正译.—北京：中国建筑工业出版社，2003
（国外花园别墅设计集锦）
ISBN 7-112-05531-8
Ⅰ.花…　Ⅱ.①澳…　②周…　Ⅲ.别墅 － 建筑设计 － 图集Ⅳ.TU241.1-64
中国版本图书馆 CIP 数据核字(2002)第 091629 号

本套图书由澳大利亚Images出版集团有限公司授权翻译出版，并发行中文版

责任编辑：程素荣　张惠珍

国外花园别墅设计集锦
花 园 别 墅 6
麦金塔夫建筑师事务所　编著
周文正　译
*
中国建筑工业出版社出版、发行(北京西郊百万庄)
新 华 书 店 经 销
北京嘉泰利德公司制版
恒美印务有限公司印刷厂印刷
*
开本：220mm × 300mm
2003 年 8 月第一版　2003 年 8 月第一次印刷
定价：**118.00** 元
ISBN 7-112-05531-8
TU · 4859(11149)

(邮政编码 100037)
本社网址：http://www.china-abp.com.cn
网上书店：http://www.china-building.com.cn

CONTENTS

目　录

INTRODUCTION

导 言

在建筑设计领域里，别墅、别墅扩建、翻新以及在已建成的街区里见缝插针地塞进一个什么小项目等等，都会被看成是一个年轻建筑师在他或她通向从事更宏伟项目之前所不可避免要经过的阶段。赖特在参加沙利文／艾德勒建筑师事务所工作的同时从事他的第二职业，为其家庭和朋友设计小的别墅项目；不少当今著名建筑师也曾有过类似的经历。一种可能性是小的别墅项目往往是通向一个建筑师梦寐以求的重要设计项目——诸如极具影响的博物馆、高层办公塔楼、著名大学校园等的奠基石。

作为建筑师，我们经常忘记或甚至根本没有意识到，在简单的小项目里却可能孕育着伟大的建筑艺术 正是在这样的规模和尺度上多数建筑师爱上了设计事业。当日后我们逐步转向更大的，或所谓更好的设计任务时，我们才会想到但愿我们能再次从事那些小尺度的项目。在那种项目里，我们作为建筑师能大量投入精力和时间去思考、去设计，而这恰恰是我们想成为建筑师的本意。

只要有机会和马克. 麦金塔夫谈起他的工作，你就会立刻发现这个人仍旧是一如既往地热爱着他的建筑艺术。自从他于15年前在华盛顿特区靠近马里兰州一侧的郊区创建他本人的事务所以来，麦金塔夫始终是有意识地将它保持为小规模的、6个人左右；他们中的好几个人已经与其共事多年。这是一个意趣相投的集体，在项目上能很好地相互合作。这样就使得作为领导人的麦金塔夫可以保持亲身参与设计和施工的过程。这也意味着他不必花很多时间去和人周旋，为了经营一个企业，取得新的设计任务以"喂饱那个大家伙"。该设计事务所大多数工作依然是别墅方面的——新建、翻新、扩建别墅——以及一些规模不大的商业或企事业单位用房。在这种规模上，麦金塔夫对事务所里所有项目均保持适当控制，并亲自参与设计的各个阶段，从宏观的设计理念直至细枝末节，诸如梁柱接头该怎么处理，窗套该凸出多少，或楼梯踏步前沿怎么做更好。通览全书，人们就能看到麦金塔夫和他的合作者们在从事建筑设计的过程中是如何兴趣盎然的。当然，这里"兴趣盎然"包括在实现自己所作设计的过程中体验到的苦恼和愉悦心情。

麦金塔夫对于他设计项目所在地点也是很挑剔的。尽管他曾完成过在国内其他地方的项目，但还是最喜欢在他自己的"后院"里干活——华盛顿的郊区、马里兰州及弗吉尼亚洲。从而可以减少下工地所需时间，特别是当项目施工出现一些需要现场解决的问题时——譬如外墙砌法、门窗安装中的一些问题，或室外地面铺装，以至混凝土表面质感处理手法等。在他成为一名建筑师以前，麦金塔夫当过木匠，一度曾经为保罗・索莱里在亚利桑那州之科桑梯基金会抡过榔头。

创作的喜悦——当人们在现场使图纸和材料相结合，以产生一件建筑艺术作品时——是麦金塔夫愿意成为一名建筑师的真谛。图纸只是一个起点，进一步的精炼，壮丽辉煌，只有在现场方能实现，魔术才可上演。只有在这个时候一个建筑师才有可能对他那一卷图纸所代表的设计意图作出判断、调整，使之更准确地体现他头脑里所设想的形象。错失这个机会，就会永远失去校正、微调自己设计的机会。麦金塔夫认为这种看到设计成为现实的体验是真正动人的，仿佛一个父亲在产房里亲眼看到自己的孩子出生，感谢业主明智的态度和对他放手的信任，使他有机会去实施这项工程。

麦金塔夫心目中的英雄是那些和他一样表现出对设计细部深入研究，热爱倍至的建筑大师们。卡罗・斯卡尔帕(Carlo Scarpa,1906～1978)，密斯・凡・德・罗(Mies van der Rohe 1886～1969)，路易斯・康(1901～1974)都懂得：上帝，或毋宁说魔鬼就藏在细部里。麦金塔夫赞赏的另一位建筑师是查尔斯・穆尔(Charles Moore,1925～)，后者并不以其注重细部著称，而是因为他善于揣摩出人们的梦想和私下的愿望，并据以编织其设计。麦金塔夫师从穆尔，随他旅行，并领悟到似乎在任何性质的工程里都有可能创造出非凡的建筑艺术作品。这是为什么他始终优选别墅项目。别墅包含着业主某种程度上的感情投资，而这是其它类型建筑所没有的。对于要生活在里面的人们来说，别墅是有其特殊意义的；麦金塔夫喜欢这一点，视之为创作思维的重要构成因素。

长期在翻新和扩建领域里工作，麦金塔夫已适应了设计课题的复杂性以及与业主密切共事的需要；在这一点上，那些习惯于在白纸上画最美丽图画的同行们却难免多少对之有点羡慕。麦金塔夫并不赞成所谓"天衣无缝"式的扩建，即新建部分应该"消失"在原有建筑风格里。在所从事的每一个项目里，麦金塔夫都要探求原有建筑的内在规律，找出其中有趣的因素，并以之为基础作为他自己新设计的出发点。这种因素有可能是：老房子的建筑风格，它所用材料，尺度，与室外的相互关系，或是别墅里的对外部分和内部家人自己使用空间之间的层次关系。这种因素也可能是唤起对一个地方历史的回忆，或是为了将逐步添建而又各自为政的不同部分结合在一起，有如他本人在马里兰州贝塞斯达的寓所／工作室那样。然而很多情况下，可以用作出发点的因素，从建筑艺术价值或趣味角度来说算不上什么。这时建筑师的任务就是要从基本上一无所有中去创造出某种有趣或迷人的因素。麦金塔夫应对这种挑战的态度是，在创造趣味的同时又不忽视其现状——创造一个新的、在建筑艺术上站得住脚的景象，而又不破坏其整体形象。这是一种极其微妙的平衡艺术，需要敏感和小心地去处理所有的细部，只有多年实践的积累才能做到。

例如在博尔塞克尼克－韦尔别墅，麦金塔夫肯定了原有建筑，哪怕多少有点现代主义风格，对其水平向的体型作了某些调整。新增部分忠实于20世纪50年代的老房子，干净、清新，在赞美现代主义风格的同时，对其建筑语言赋予了新的表述方式。尽管向老建筑表示了敬意，却并没有妨碍后来者占据舞台的中心位置。

另外一个例子是费勒别墅，那里原有别墅及其场地的条件有可能在房子和花园之间创设一个过渡空间，一处位于房子里面的"室外"空间。这种反应又一次恰到好处，将室内和室外有机地融汇了起来。

麦金塔夫的作品中应用室外空间的例子很多，他将这方面的兴趣归根于他曾经师从过的摩尔和欧洲式设计。华盛顿地区气候以夏季湿热著称，浓荫蔽地的室外庭院是颇受欢迎的休憩场所。麦金塔夫的设计欣赏露天"房间"，作为室内家居之延伸的亲切而舒适的庭院。最佳例子之一的是赫德·滕别墅二期工程，那里绿化空间，水面，铺装地面，以及一个藤萝架，一起与室内房间的配置相互呼应，最大限度地发挥了花园的优势。另一个例子是威瑟斯别墅二期工程，该项目试图保留并充分发挥屋后仅仅200平方英尺（约18.6m^2）大小一块空地的作用。改建后温馨，舒适的新居是由两栋背靠背老旧住所合并而成的，其中不少内部空间是依靠那块豆腐干般的后院得到通风，采光和外景的。在这个情况下，设立那块室外空间不仅是为了更舒适一些，更重要的是提供使两栋别墅有可能予以合并所不可或缺的采光与通风条件。

本书所介绍的麦金塔夫之每一项工程均充分显示了他对细部的重视和偏爱。安德鲁斯·比乌德斯别墅／工作室工程中梁柱交接是结构问题作为雕塑处理的典型例子。巴龙斯坦－科昂图书室设计中经过认真推敲的比例，尺度，及其具有丰富细部的空间，使人联想起赖特本人在伊利诺伊州橡树园的别墅／工作室。塔斯克周末别墅的外墙材料处理说明采用相对简单，地方性的材料同样可以达到不同程度的尺度感和表现能力。金氏别墅项目里楼梯是细部设计的一个绝技力作，清晰地表明了楼层与楼层之间的多种关系。维什斯寓所巧妙地使用普通材料如沥青板瓦，波形钢板，将这个林中小屋装点成了一座微型艺术博物馆。

马克·麦金塔夫有意识地将他的事务所规模控制在小到他能亲自具体管理的程度，使他得以保持那些吸引人们去追求从事建筑艺术事业的东西。麦金塔夫的建筑事业提醒我们大家——包括那些企盼有朝一日他们的梦想成真之年轻建筑学的学生们，以及那些年事已长的建筑师们从他们尊贵的地位高处缅怀往事时，只能从某些建筑物的粗线条轮廓上依稀地辨认出自己往日的业绩——建筑设计给我们的幸福感，只能是在其形成过程中，以及在那些我们能具体把握得住的事物里。

迈克尔·J·克罗斯比

埃赛克斯，康涅狄格州

DENNING RESIDENCE

美国　华盛顿（哥伦比亚特区）
1991年完成

Washington DC, USA
Completion: 1991

丹宁别墅

1　Axonometric
Opposite:
Kitchen

1　轴测图
对面图:
厨房

1970年，建筑师罗杰.刘易斯(Roger Lewis)在华盛顿特区西北郊围绕着一个公用停车场院修建了六栋经营性合作别墅多层塔楼。虽然它们在细部上比较简略，但主体骨架不差，从剖面看结构是错层式的，楼层前后上下错开，起居室净空两层高。合作别墅的有关条款规定其建筑外观需保持大体一致，但室内不拘。

业主要求在原有简易的预制贴墙板基础上，对其室内加以修饰。重新装修后室内空间、面积基本上没有改动，但通过一系列新材料的应用，使其现有平面变得更为合理和有条理性，赋予原有的空间一个崭新的建筑艺术形象——通过木料、铝、石材，以及织物等的运用，形成暖与冷，硬与软，反射与半透明在色彩、质感上的对比，给人以美的感受。

五个三角形枫木面板加铝嵌条的装饰性柱墩，内藏宣纸灯罩之灯具，勾画出门厅、厨房的范围，并衬托出起居室的空间效果：它们在位于楼梯上下时均保持相同高度。厨房里也采用定制的枫木面板加铝嵌条的厨柜。带双开喷砂玻璃门的一片弧形墙将厨房与餐厅隔开。同样是枫木贴面的附墙垛子架设铝制搁板，形成一系列装饰性格架。一条从厨房延伸到起居室，像轴线般的下悬式V形吊顶，下侧并悬挂一个16英尺长，铝和半透明宣纸般织物制作的灯具，将厨房、餐厅和起居室三个不同用途的空间从视觉观感上联系在了一起。起居室外墙一侧原有大窗户旁边的墙面改成了蓝色的。一系列具有不同造型，钢框上绷同样半透明织物构成的推拉式隔扇，需要时可以将窗户遮挡起来。

门厅及起居室前面楼梯通道处新开了两个三角形小凸窗，将外面的树丛(从视觉上)引进室内。拆掉上下梯跑之间大部分原有隔墙，并新增了一个四层通高但很窄的长条形窗，使得楼梯间借室外的天光、绿树而变得豁亮了起来。

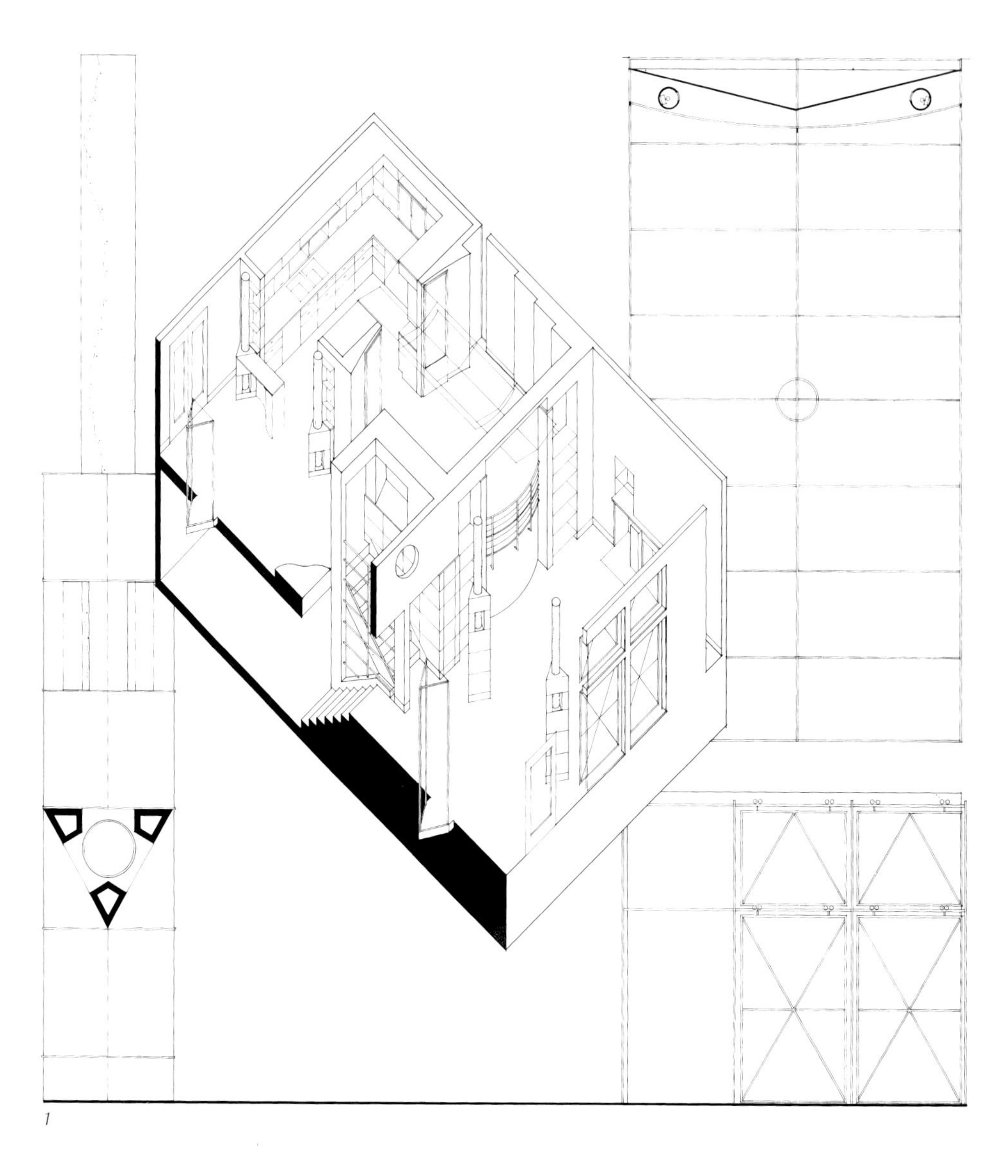

1

3

4

5

3&5 Living room
4 View toward entry
6 Column detail
7 Plan

3&5 起居室
4 入口处
6 装饰性柱墩细部
7 平面图

6

7

PRIVATE RESIDENCE

美国　华盛顿（哥伦比亚特区）
1993年完成

Washington DC, USA
Completion: 1993

私人别墅

1

位于两条进出市区交通干道之锐角交叉处的地段上，这栋别墅的外景却很好，越过一个水库可以眺望波托马克河及其更远的地方。繁忙的交通与广阔的自然景观形成的强烈对比，为这栋普通的20世纪50年代风格的别墅，提供了彻底翻新的主题思想。

这栋只有一间卧室的别墅是根据地段特点、业主愿望和使用等特殊要求改建的。为了更好地挡住街道的尘嚣，原有双折坡屋顶被厚厚的外墙遮挡在里面。外墙中间部分向外作弧形凸出，使得进门处前室可以宽敞一些。该处的焦点，或者说整栋房子目前的聚焦点是已重新改造和装修过的楼梯；使得二层顶上天窗的光线可以直接照射到首层。整个楼梯间像一个玻璃立方体，既涵盖了其中的动能，又使之与现在有点像一个艺术家工作室的首层隔开；后者已从结构上打通形成敞开的空间，使之有足够大的空间尺度便于观赏主人日益增加的现代艺术珍藏。

朝向地段锐角一端的六角形塔楼房间已由原来的餐厅改为厨房，而其上部则是一个新增的藏书室，充分发挥了其所在位置与景观的优势。藏书室顶上天窗进来的光线，通过玻璃圆桌面及其下侧地板上的圆孔照射到楼下厨房里，使这两个塔楼房间上下垂直地形成某种联系。塔楼正好位于两条道路的交汇处，其形状与道路交叉点另一侧之带传统典型圆穹顶的水库泵站相一致。

通体细部采用一致的建筑语言——材质、色彩——诸如外观作抛光处理的不锈钢，经涂饰的钢材，偏绿的黄色橡木和玻璃。用于修饰楼梯，扶手栏杆，玻璃墙，以及展示架的这套色彩调配方案，在优雅地将各个空间联系起来的同时，为主人艺术品展示提供了恰当的背景与衬托。建筑师本人设计了厨房和餐厅的桌子、室外和藏书室的灯具，均采用了同样的材料系列。

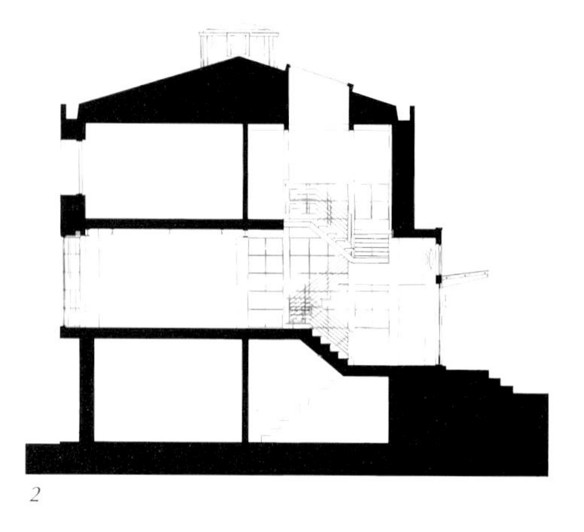

2

3

1　Entry façade
2　Section through entry and stair
3　Axonometric
Opposite:
Tower detail

1　入口立面
2　入口及楼梯处剖面
3　轴测图
对面图：
塔楼细部

5

6

5 从餐厅看起居室
6 厨房

5 View of living room from dining room
6 Kitchen

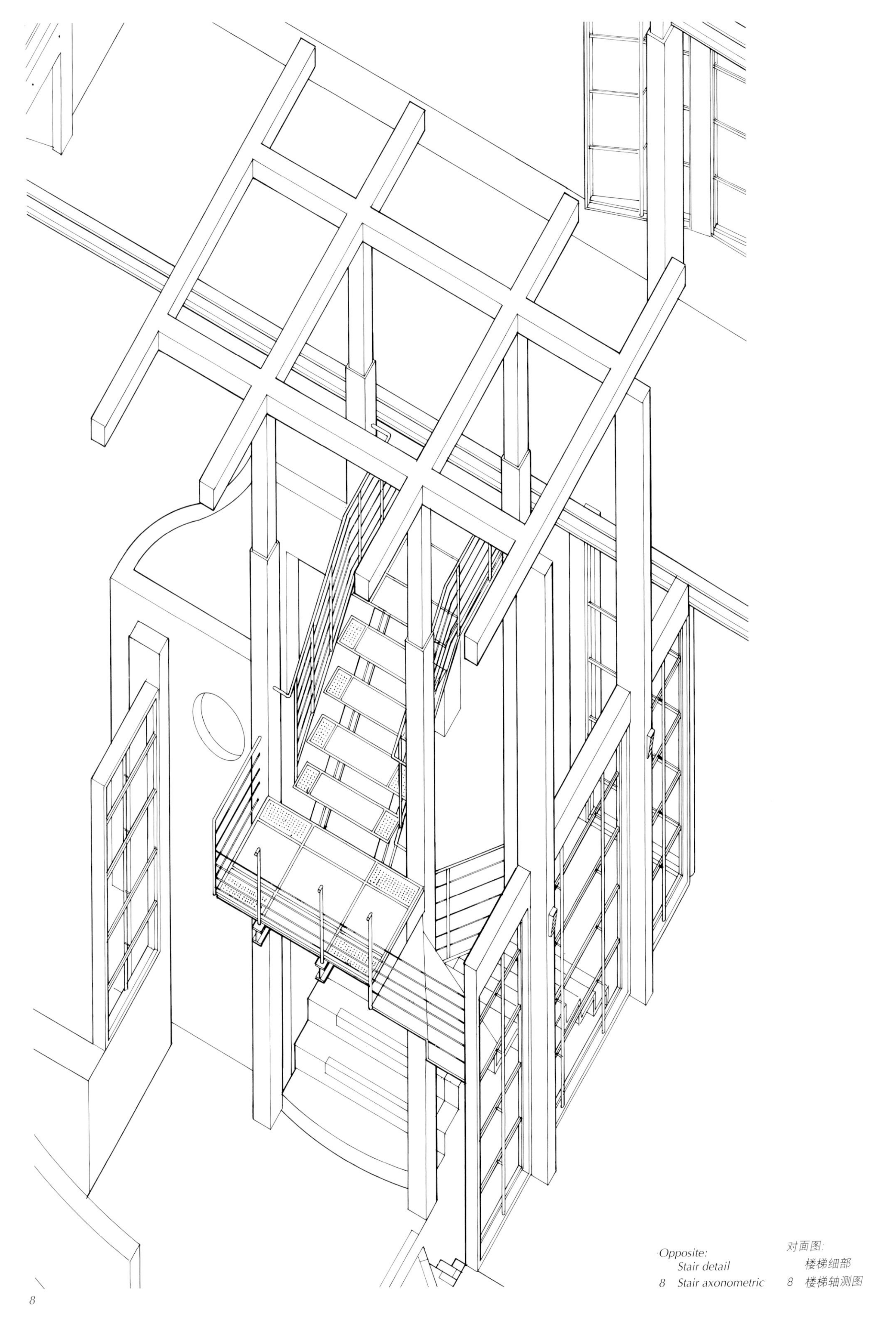

8

Opposite:
Stair detail
8 Stair axonometric

对面图：
楼梯细部
8 楼梯轴测图

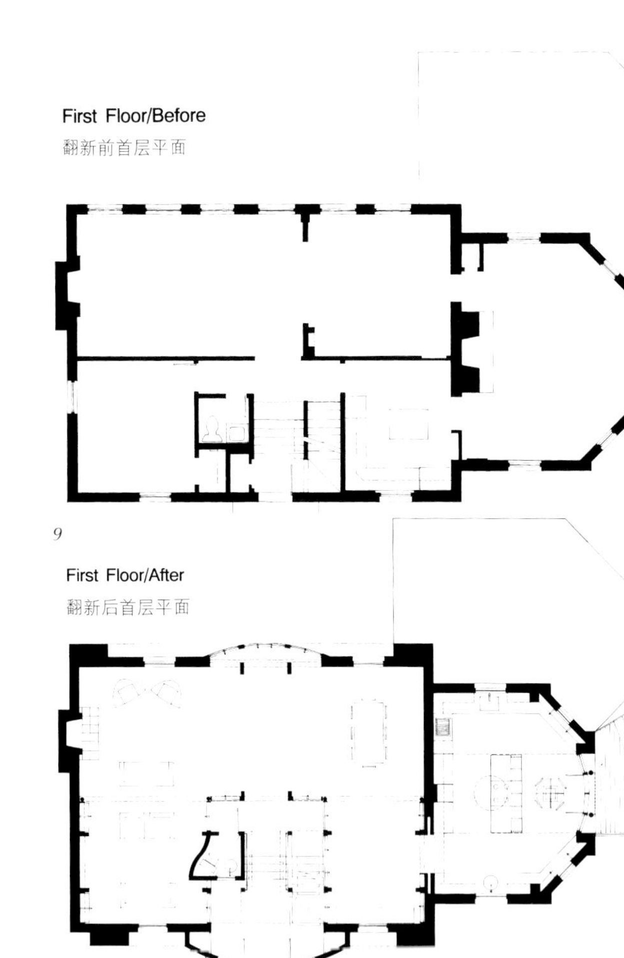
First Floor/Before
翻新前首层平面
First Floor/After
翻新后首层平面

9

10

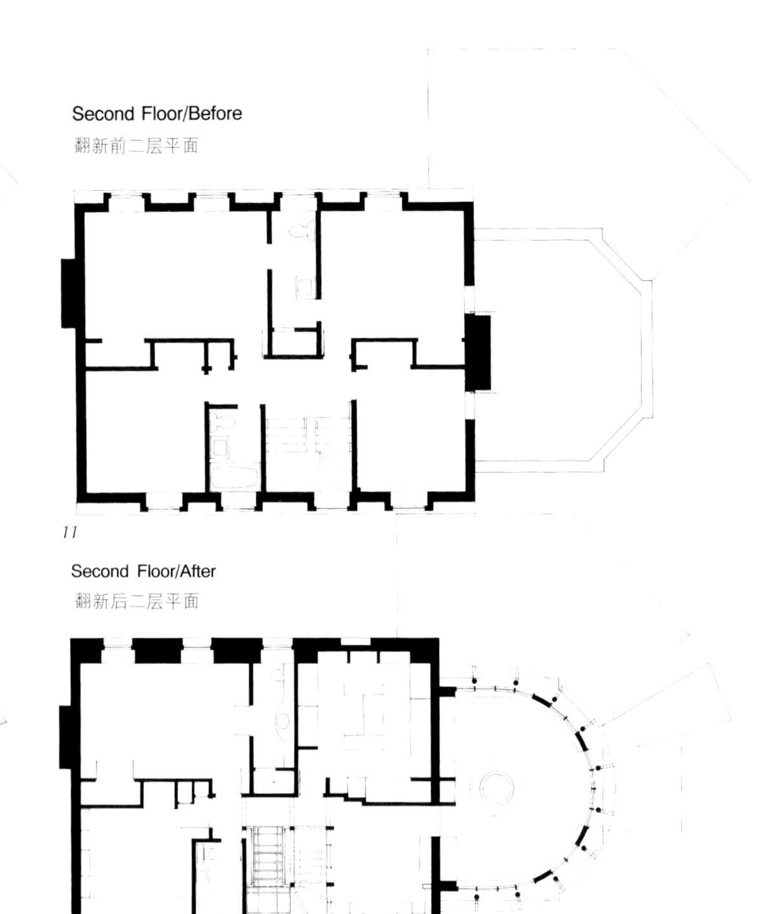
Second Floor/Before
翻新前二层平面
Second Floor/After
翻新后二层平面

11

12

13

9&11 Plans, before
10&12 Plans, after
13 Stair and entry
14 Stair above entry

9&11 翻新前平面
10&12 翻新后平面
13 入口和楼梯
14 入口上部楼梯

14

KING STAIR

美国　马里兰州切维蔡斯
1994 年完成

Chevy Chase, Maryland, USA
Completion: 1994

金氏别墅楼梯

3

在为20世纪20年代所建的别墅加高一层的同时，给重建一座新楼梯提供了机会。

这座新楼梯不仅在形象上，也在实质上是该别墅新的中心，它反映出设计是如何从原有传统形象逐步转变到新增空间之更为现代化的美学观点。从进门处开始，已能首先在楼梯扶手的设计上看到某些变化的暗示。在二层楼梯平台处可以看到，下面梯跑踏步的封闭性让位给了上面的开敞式设计，其简约主义的剪影以及透空的踏步板使得上面的光线可以通过梯跑照亮下面的门厅。木制踏步板、钢管、型材和钢丝绳一起构成了视觉上和触感上的对比。

最上层楼梯平台处从墙上悬挑出来的走廊，通向三层新增的房间。走道木板之间，平台与墙壁之间，以及楼梯踏步板之间的空隙使得光线可以穿透下去，清晰地体现了这种"元件组装"(kit-of-parts)式的设计思路。

1　Third floor landing
2　Tread detail
3　Detail of connections
Opposite:
Second floor landing

1　三层楼梯平台
2　踏步板细部
3　联结处细部
对面图:
二层楼梯平台

1

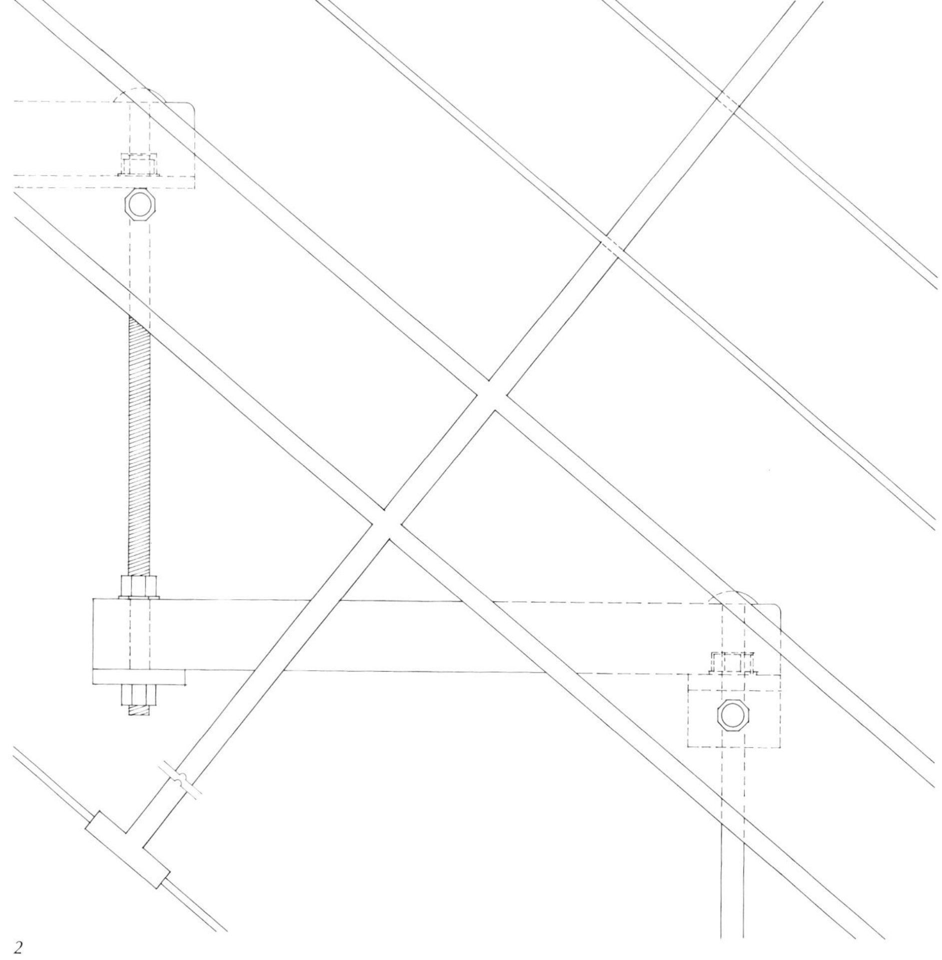
2

KNIGHT RESIDENCE III

美国　马里兰州切维蔡斯
1994 年完成

Chevy Chase, Maryland, USA
Completion: 1994

奈特别墅三期

1

本项目坐落于一片树木丛生，能俯览罗克里克(Rock Creek)公园的坡地上，场地两侧分别有两栋20世纪50年代由建筑师查尔斯.古德曼(Charles Goodman)设计的现代主义风格的别墅。业主希望能以一项比较紧凑的预算建成一栋空间宽敞、室内豁亮的小别墅。为了适应场地上原有已长成的大树，该别墅分为三个组成部分：一座车库；一栋16英尺宽、造型简单合理的长条形楼房；而筒形拱顶的第三部分则是起居室与餐厅。楼房的主要层里安排书斋和厨房，下面是客房和浴室，主人套间则在最上面；其长向轴线与另外两部分稍有偏斜，略呈喇叭口状。而与起居室－餐厅平行的一排十四根钢筋混凝土柱子则将三个部分联系在一起。这条由柱子排列而成的直线强化了别墅的几何形态，活跃了厅室的景观；它结束于一个小水池处，后者喷涌的水柱在某种程度上削弱了前面道路的尘嚣。

建筑师曾经两次为之工作过的这位业主，现在孩子们已经长大成人；故将客房安排在最下层，以便上面楼层可以做成主要为主人夫妇使用的开放式平面布局。

选用材料主要考虑其经济性——胶合板、金属、混凝土——并兼顾其表现能力。若干年前同样这组建筑师和业主合作设计建造的周末别墅中喜欢的做法：诸如柱梁组装、瓦楞铁、丰富颜色点缀之白色基调的房间等，在这里又被采用；将周末度假时豁亮宽敞的空间带回到他们日常的城市生活里来。

2

1　入口处立面
2　总平面图
对面图：
朝向林木葱茏的立面

1　Entry façade
2　Site plan
Opposite:
Façade facing wooded parkland

4

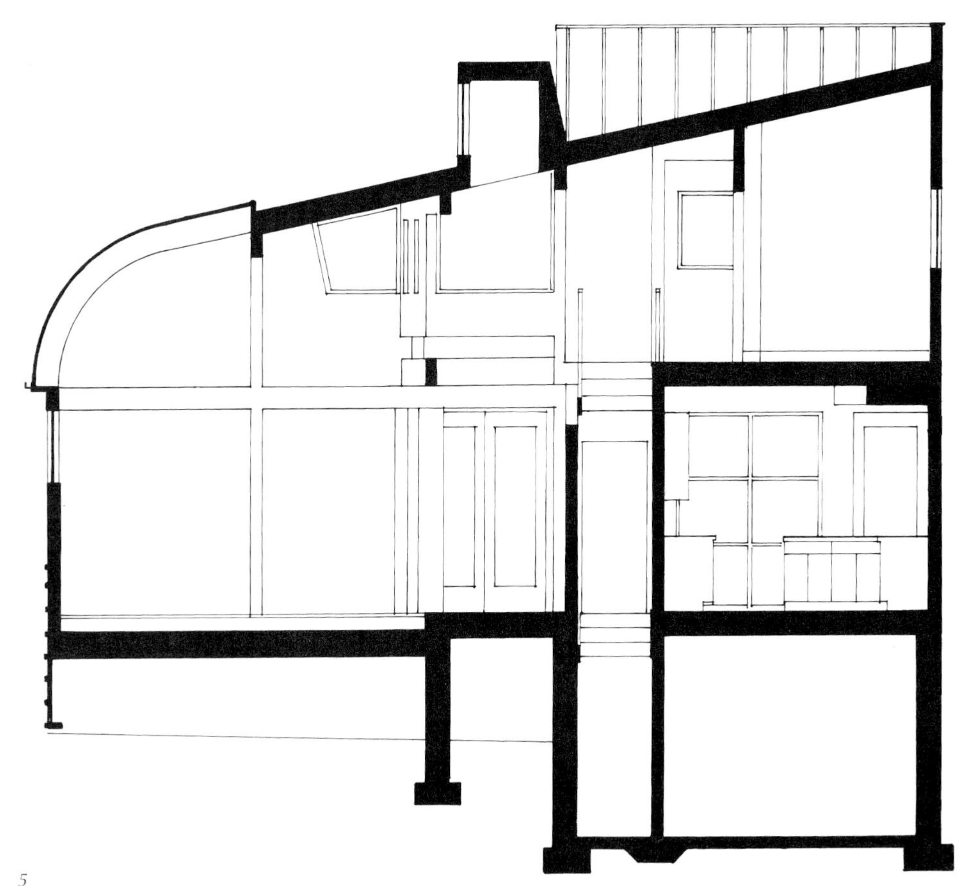

5

6

4 夜景
5 剖面
6 厨房

4 Night view
5 Section
6 Kitchen

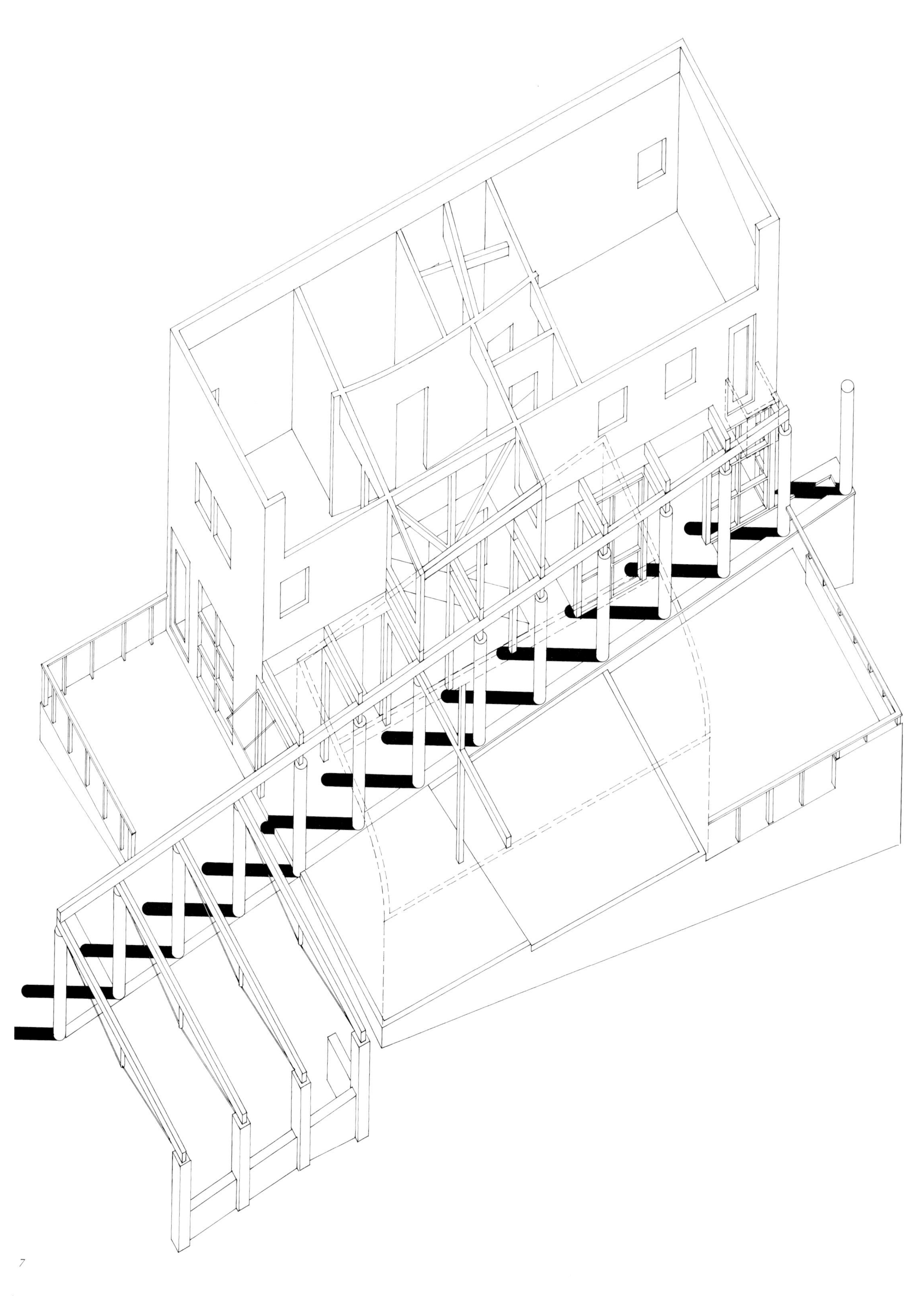

7

8

9

7 Axonometric
8 View from library toward entry
9 Living room and colonnade from entry

7 轴测图
8 从书斋看入口
9 从入口看起居室和柱廊

11

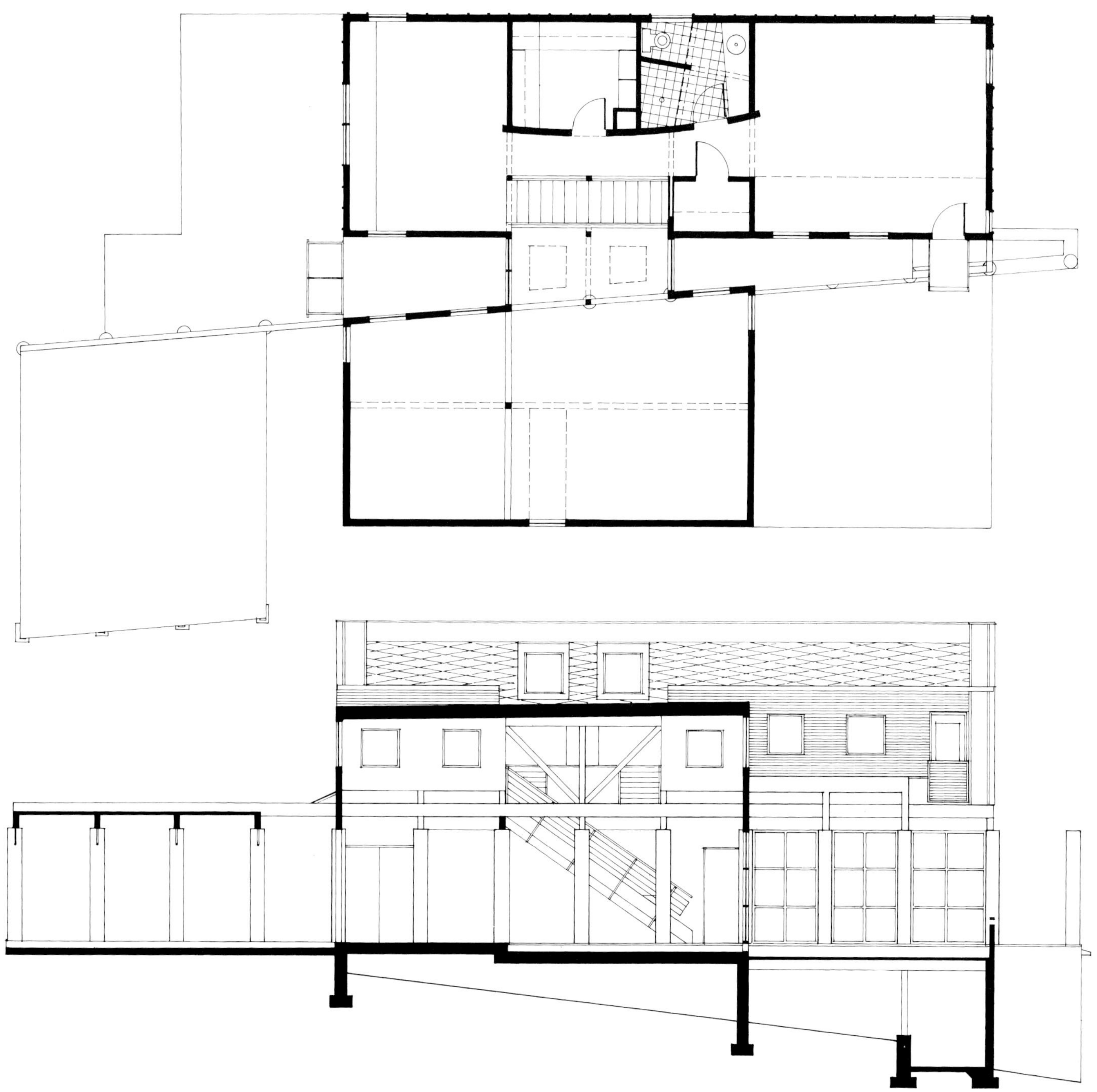

12

Opposite:
Column detail with stair beyond
11 Corner detail
12 Second floor plan and section

对面图:
立柱细部，后面是楼梯
11 角落细部
12 二层平面和剖面

COUCH WEEKEND HOUSE

美国　西弗吉尼亚州　汉姆普郡
1995 年完成

Hampshire County, West Virginia, USA
Completion: 1995

库奇周末别墅

1

这栋1,000 平方英尺(约92.9m²)的小型别墅，高高地坐落在西弗吉尼亚州一处林木葱茏的山脊上，从那里能俯览陡峭跌宕于300英尺(约91.4m)以下的卡凯庞(Cacapon)河。

为了充分发挥此项非凡景观的优势，别墅被分成三栋分开的房屋：包括起居、烹饪、卧室之生活部分，工作室，以及一个塔廊。业主要求这些空间里的陈设要简单朴素，少配家具，一如古代修道院般：起居室座位仅仅是座垫及周圈地板抬高形成的壁台。室内的装修因其柱、梁、栏杆、壁炉架等木活均系附近老谷仓之旧柁架改锯而成，更显古朴。

室外甬道、飞桥从功能上将三栋房子连接起来，而一条沿地形脊线走向之 80 英尺(约 24.4m)长石墙除部分地起支撑作用外，并将它们从结构意义上联系起来。石墙——部分是山坡、废墟的延伸，又是别墅的有机组成部分——看起来仿佛从来就是在那里的；而三栋小房子则似乎是这块幽深、错落有致的场地上经常来访的熟客。

1　模型
2　入门处立面
对面图：
从下面仰视

1　Model
2　Entry façade
Opposite:
View from downhill

2

4 从塔楼环视群山
5 塔楼处景观
6 塔楼侧立面
7 立面和总剖面

4 View of mountains from tower
5 View from tower
6 Tower side façade
7 Elevations and site section

4

5

6

7

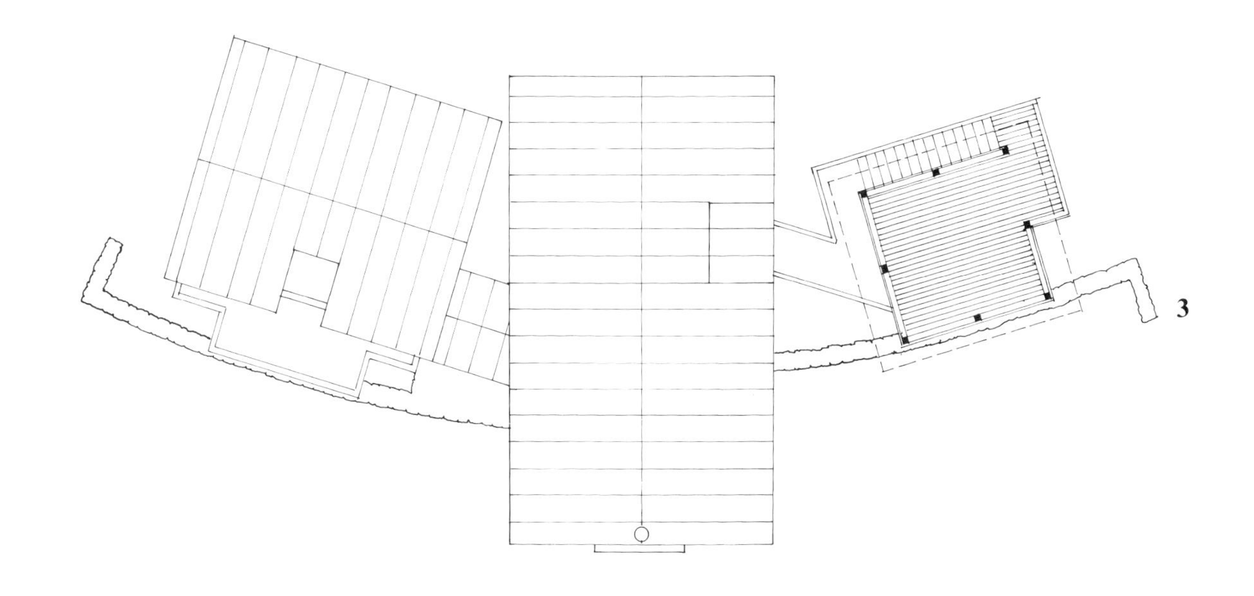

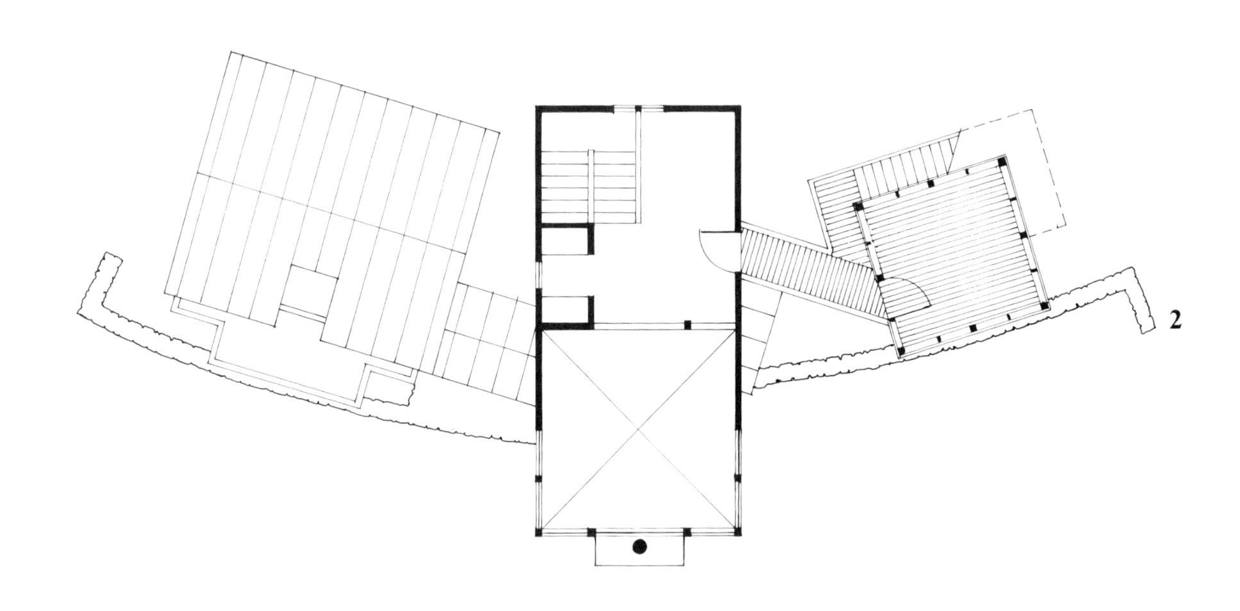

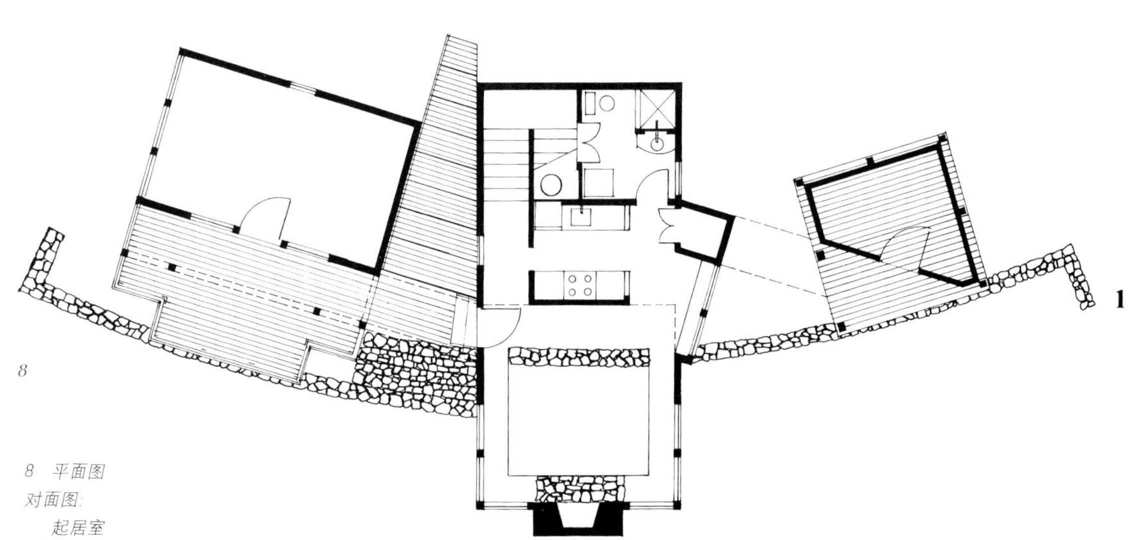

8

8 Plans
Opposite:
Living room

8 平面图
对面图：
起居室

10

11

10 从工作室外廊看
11 越过河谷远眺别墅
12 塔楼楼梯
13 立面图

10 View from studio porch
11 View of house from across valley
12 Tower stair
13 Elevations

12

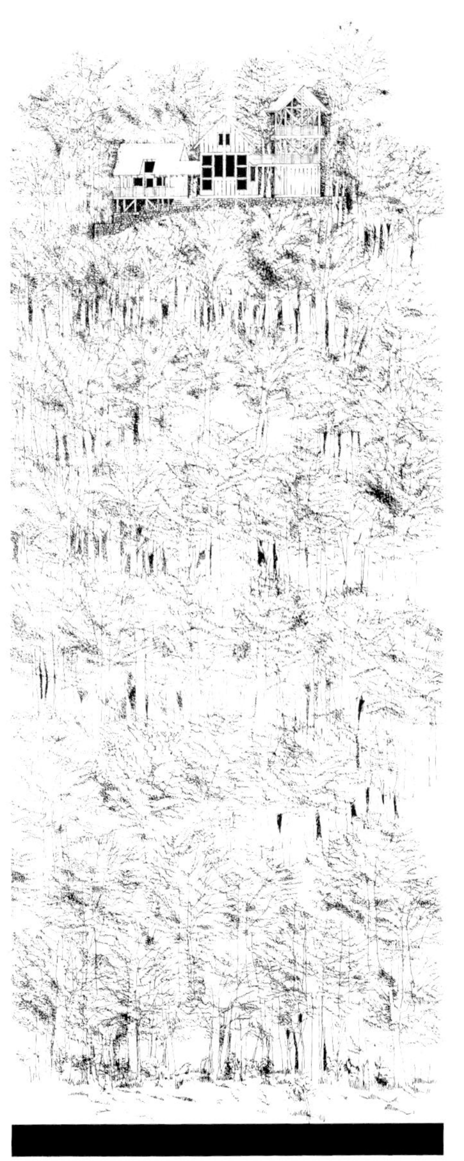

13

FELLER RESIDENCE

美国　华盛顿(哥伦比亚特区)
1995 年完成

Washington DC, USA
Completion: 1995

费勒别墅

1

本项目为华盛顿一栋四方的别墅进行了扩建——不是扩大别墅现有结构或增加其建筑艺术的表现语汇，而是为之建造一个花园。

为了形成一个新的室外空间，新建了五片相互独立经粉刷的墙，以及一处钢与玻璃构成的篷罩。现有别墅与场地之间的相互关系决定这些空间构成因素的摆放位置。这些墙限定从别墅里延伸出来的视线和轴线，遮蔽一座车库和一处狗圈，并围合成一个有铺装地面的庭院。最大的一片墙上开了几个同样尺寸的洞口，对原来餐厅加以扩大，扩建部分透明的玻璃墙和门窗像一个玻璃盒子与上述开了洞口的墙相嵌合，将新花园的一部分围成一个室内阳光室。在这个房间里，固定的设施只有一处壁炉和一张固定的餐桌。桌子所在位置是上述玻璃盒子凸出于原房屋墙角外的扩大部分，从那里可越过波托马克(Potomac)河远眺弗吉尼亚州的景观。

装修细部简约并贯通内外——石灰石铺地，粉刷，钢材和玻璃。这些材料延伸并应用于室内阳光室以及新厨房处。

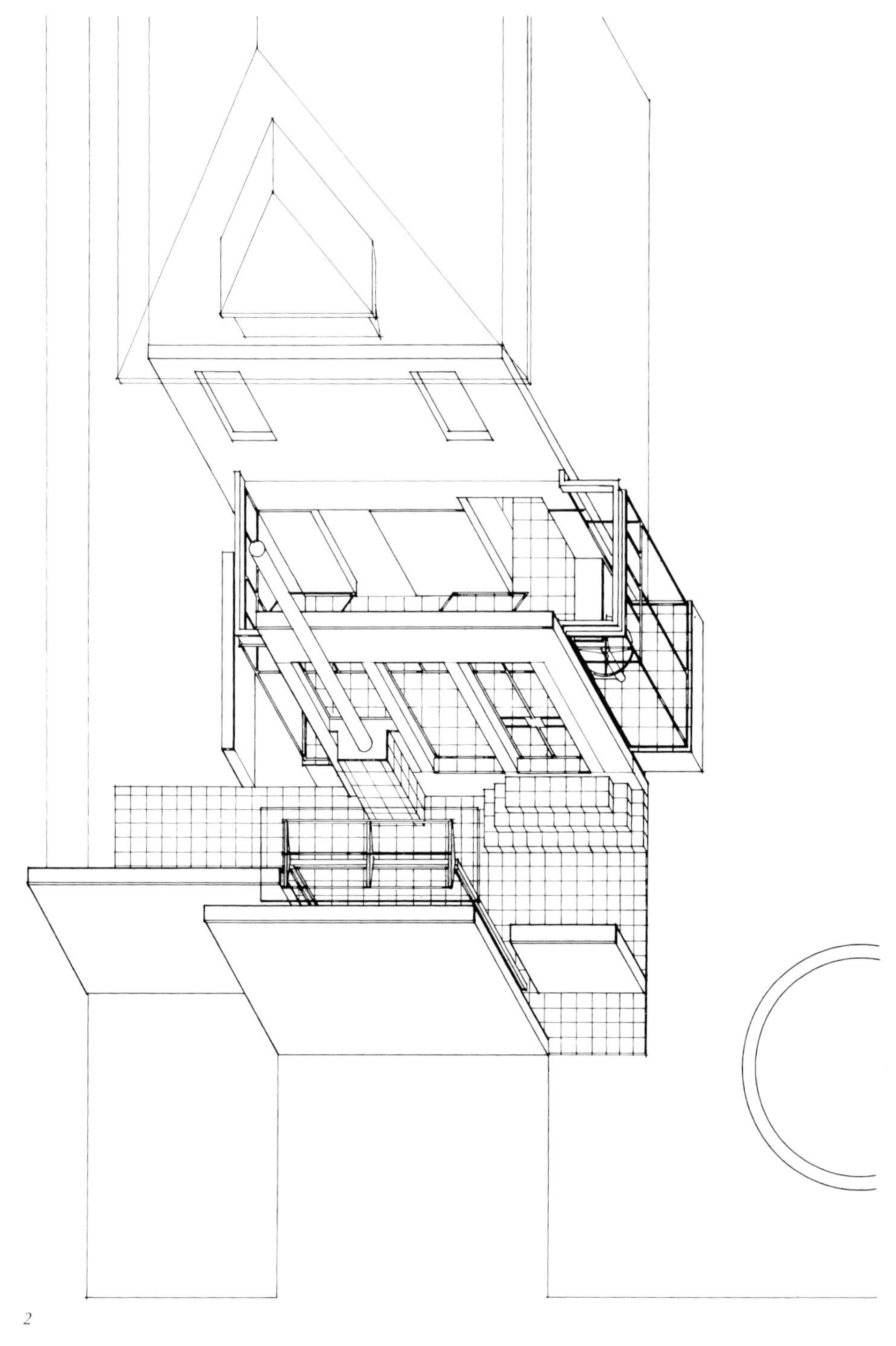

2

1　新建花园房
2　轴测图
对面图:
新建花园房，后面为原有房屋

1　New garden room
2　Axonometric
Opposite:
New garden room with original house beyond

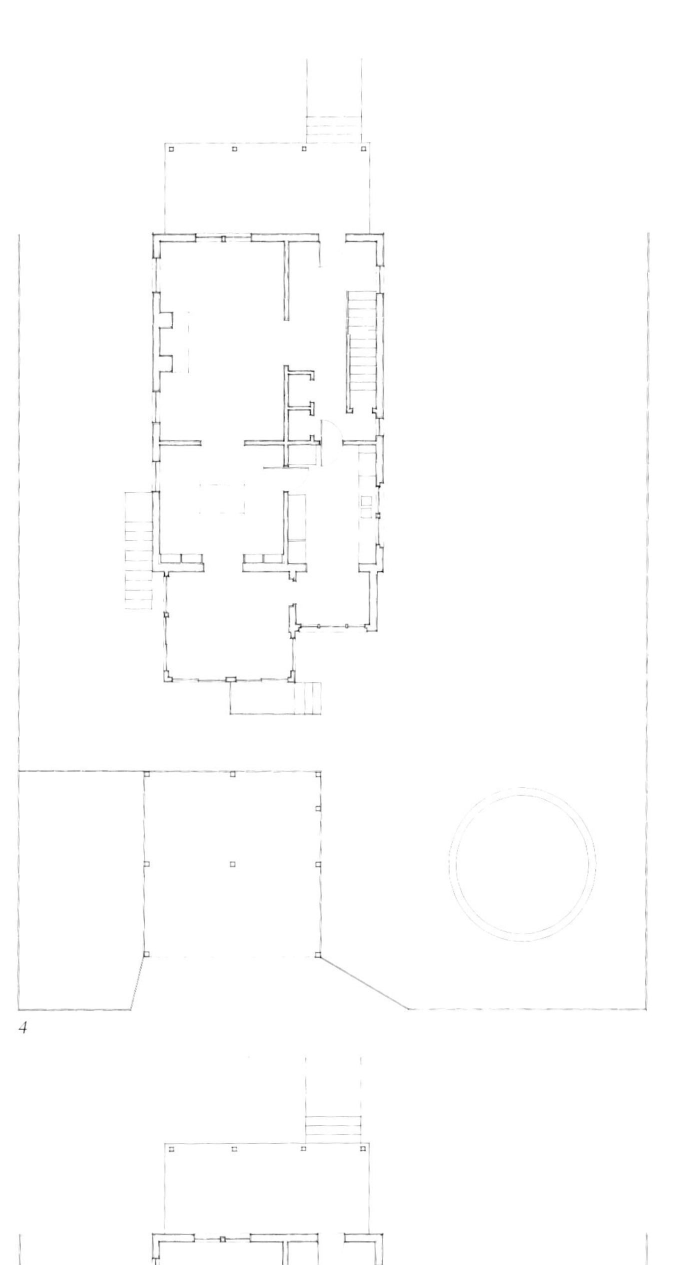

4

5

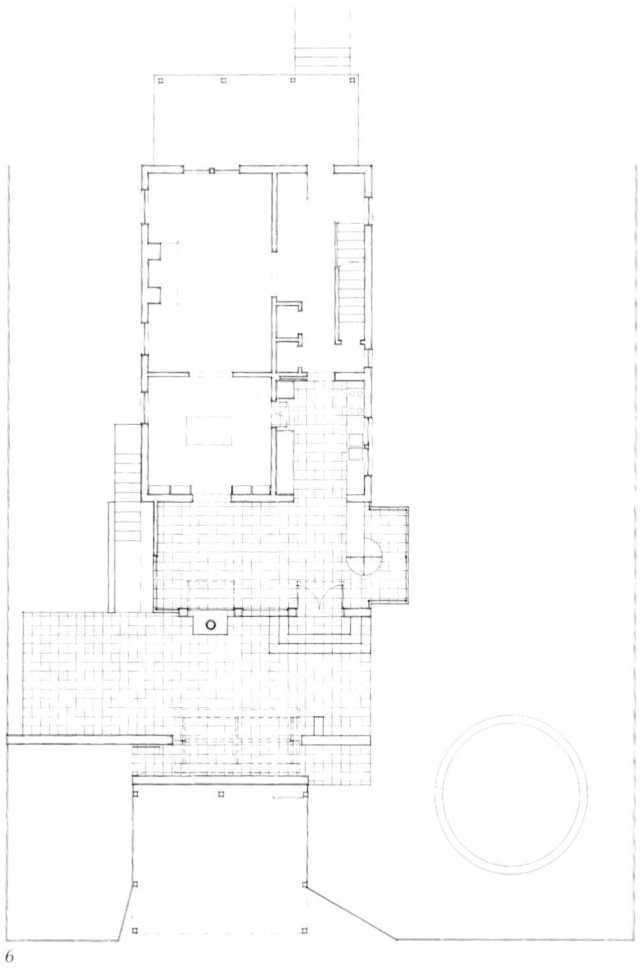

6

7

8

9

4 Plan, before
5 Courtyard view
6 Plan, after
7 Kitchen view, looking toward fountain
8 Garden elevation
9 Garden room entry

4 改建前平面
5 庭院景观
6 改建后平面
7 厨房，远处可见喷水池
8 朝向花园的立面
9 花园房入口

HUTNER RESIDENCE

美国　马里兰州切维蔡斯
1995 年完成

Chevy Chase, Maryland, USA
Completion: 1995

胡特纳别墅

此项翻新与扩建任务是要给一个二战后建造的小平房带来一点秩序，并赋予某种宽敞的感觉。其原来大致为H形的平面有如一串小而暗的兔笼。为此目的，H形中间的一块全部予以拆除，插入一座新的二层房子，并使其坡屋顶与下面两侧的一层屋面相衔接。首层前后并列的起居室（钢琴室）和家居活动室（电视室）之间由一系列法国式双开落地玻璃门予以隔开或联通，以适应不同使用需要。虽然新的平面处理简单，但在细部处理上下了功夫，以中间隔墙及新增楼梯作为装修工艺重点，又增加了整体趣味。上部，新建的二层设有主人套房，围绕蓝色的管道间布置了卧室、浴室和书房。

不管怎么说，这仍旧是一栋小别墅。然而通过可以灵活运用的开敞式平面，空间的相互渗透，以及细部处理和材料选用上的变化，从总体上给人以大方、丰富多彩的感觉。

1

2

1 前立面
2 起居室
3 家庭活动室及通向新增二层之楼梯

1 Front façade
2 Living room
3 Family room with stair to new second story

3

4

5

6

7

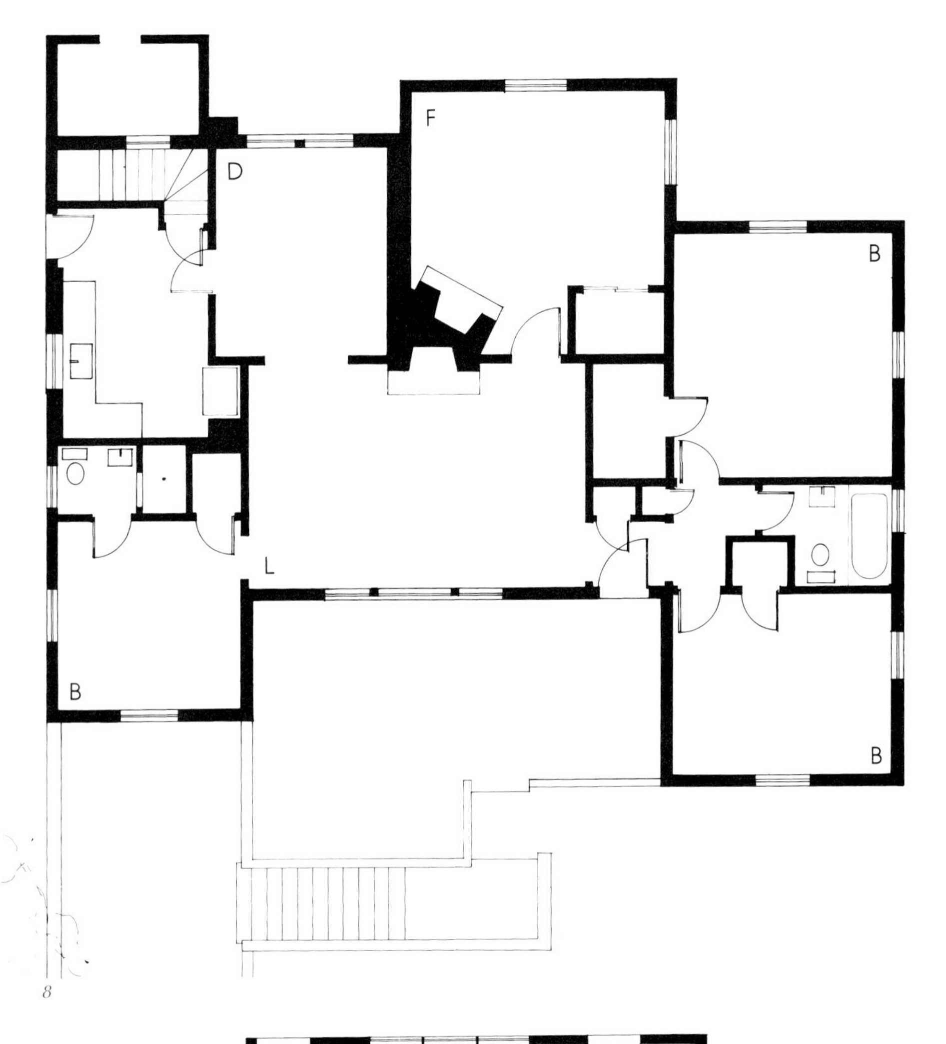

8

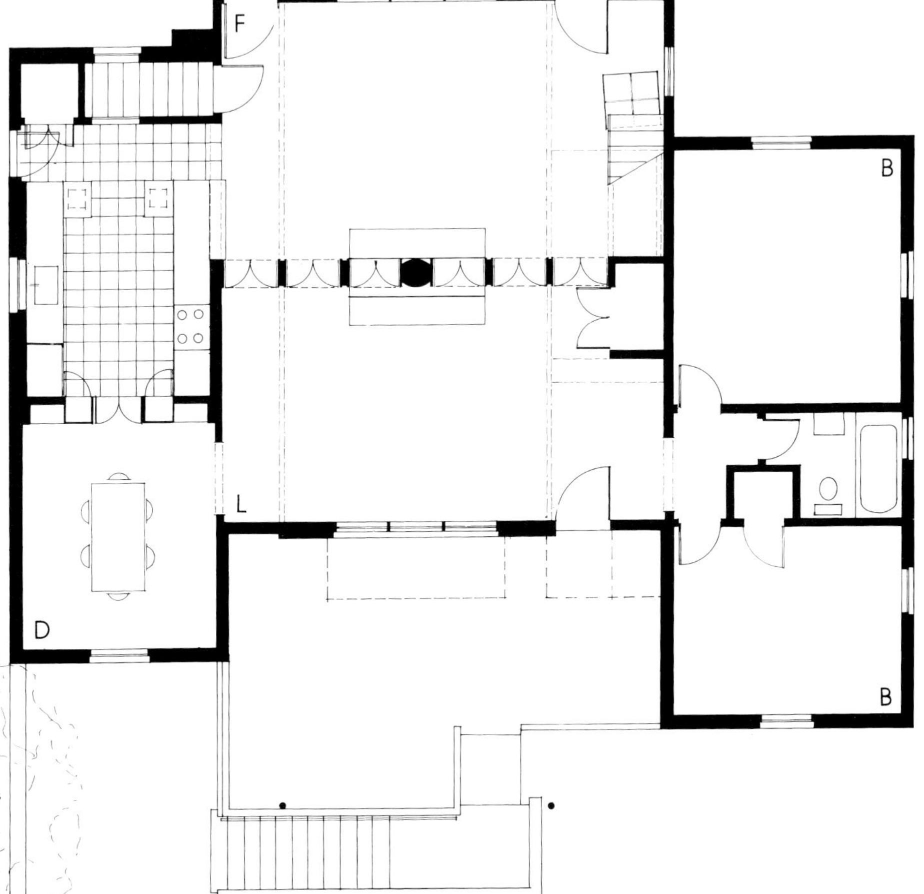

9

4 *Stair*
5 *Kitchen*
6 *Master bathroom*
7 *Entry with stair landing above*
8 *First floor plan, before*
9 *First floor plan, after*

4 楼梯
5 厨房
6 主人浴室
7 入口，上部为楼梯平台
8 改建前首层平面
9 改建后首层平面

BORSECNIK WEIL RESIDENCE

美国　马里兰州切维蔡斯
1996 年完成

Chevy Chase, Maryland, USA
Completion: 1996

博尔塞克尼克·韦尔别墅

1

2

此项工程的业主购买了一栋20世纪50年代建造的，位于华盛顿一个已经建成的郊区之一层小别墅。该社区仍带有当年华盛顿地区别墅流行的——而其后已消退——尝试采用现代主义建筑艺术的风格。别墅原来朝向花园的一间长方形明亮的起居室是很不错的，但是平面的其余部分混杂了对外部分和对内的家居自用部分，造成了一串像兔笼般的暗房间。宽阔的大挑檐和V形的角柱都有某种活力，迄今仍显得精神充沛. 可惜的是其余沉闷、笨拙的因素，不能与该别墅基本形态所体现出来的——尽管只是初步的——现代主义风格相协调。

为了区分功能布局，在现有的水平屋顶平面下通过一黄色墙面将别墅分出室内和室外，并将平面分成四个象限空间。公共空间位于一侧，而私人空间位于另一侧，新的楼梯走廊横穿整个区域。

取消首层一间卧室使得厨房得以扩大，起居部分和就餐区合并成一个较大而开阔的空间。起居与就餐区之间新增的V形柱，黄色的墙面，大面积横向分格的玻璃窗，有助于室内和室外空间的联系，形成了恰似该别墅设计原来开始意识到，要想去体现的那种境界。

1 Street elevation
2 Façade detail
Opposite:
Stair hall

1　临街立面图
2　立面细部
对面图:
楼梯间

4

4 Street façade
5 Kitchen
6 Section perspective through stair hall
7 Axonometric

4 临街立面
5 厨房
6 楼梯间剖视图
7 轴测图

5

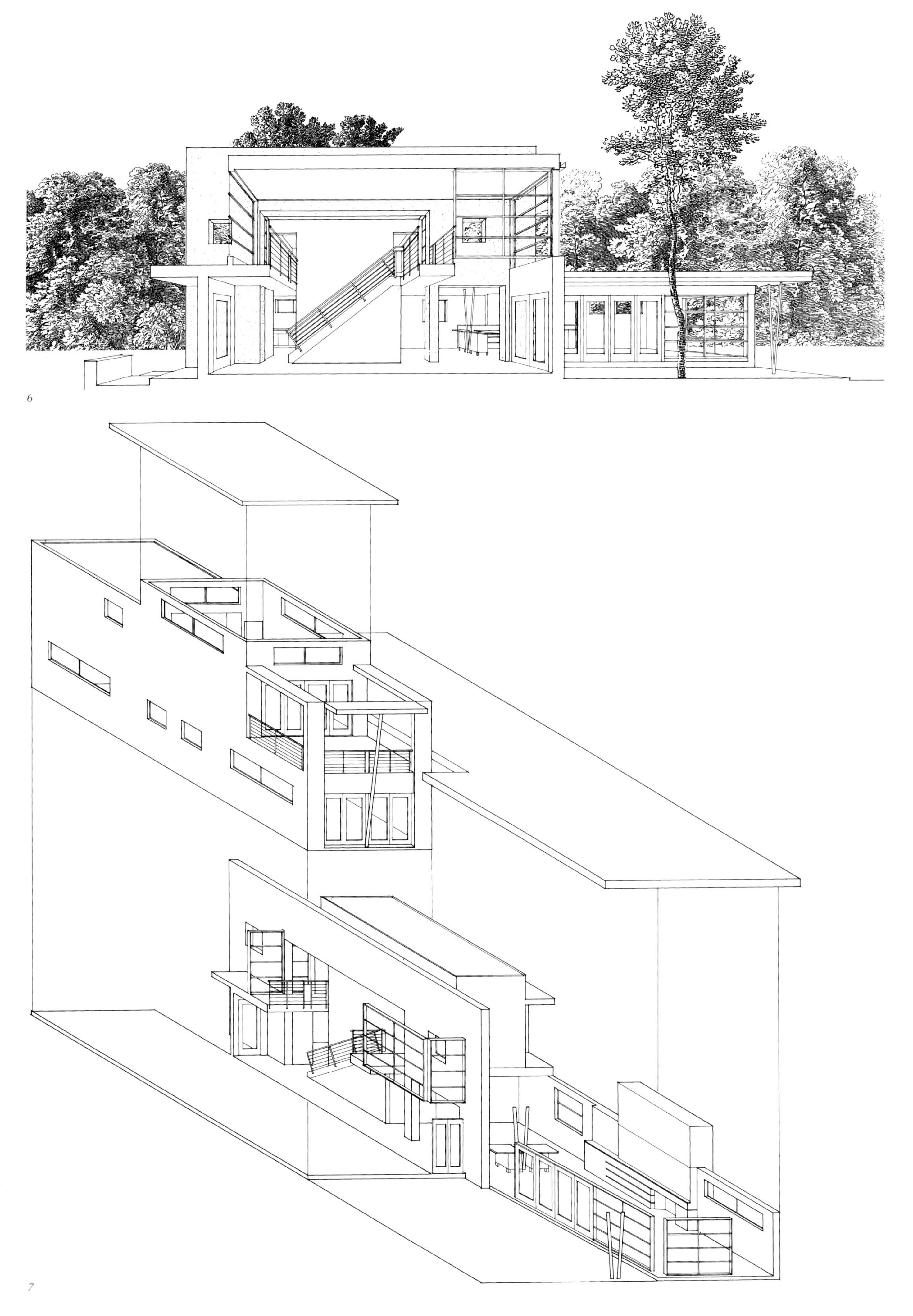

6

7

8

9

10

8 Kitchen
9 Corner window in living room
10 Living room

8 厨房
9 起居室角窗
10 起居室

HOUSE IN THE WOODS

美国　马里兰州贝特斯达
1998年完成

Bethesda, Maryland, USA
Completion: 1998

林中别墅

这栋新别墅占用被拆除的一座牧场建筑风格的老宅子所腾出来的一块带形空地，此外整个场地基本上布满了已长成的大树。设计上要求既考虑日常家居生活，又能满足大规模接待的需要。该别墅的首层围绕一条面向新的平台和前面花园的横向走廊进行平面组织；画廊里侧的石柱在承接上面二层部分之简略长方体形的同时，赋予了这个带形空间以节奏感，并强化了建筑构件之16英尺(约4.9m)模数间距的韵律——规律地排列的天窗、门、窗，甚至水落管——这些因素既组织了内部空间，又协调了外部体量。

附属空间——家居活动室、起居室、纱窗围护的走廊，以及早餐室——凸出于走廊之外，将别墅与花园有机地联系了起来。

1

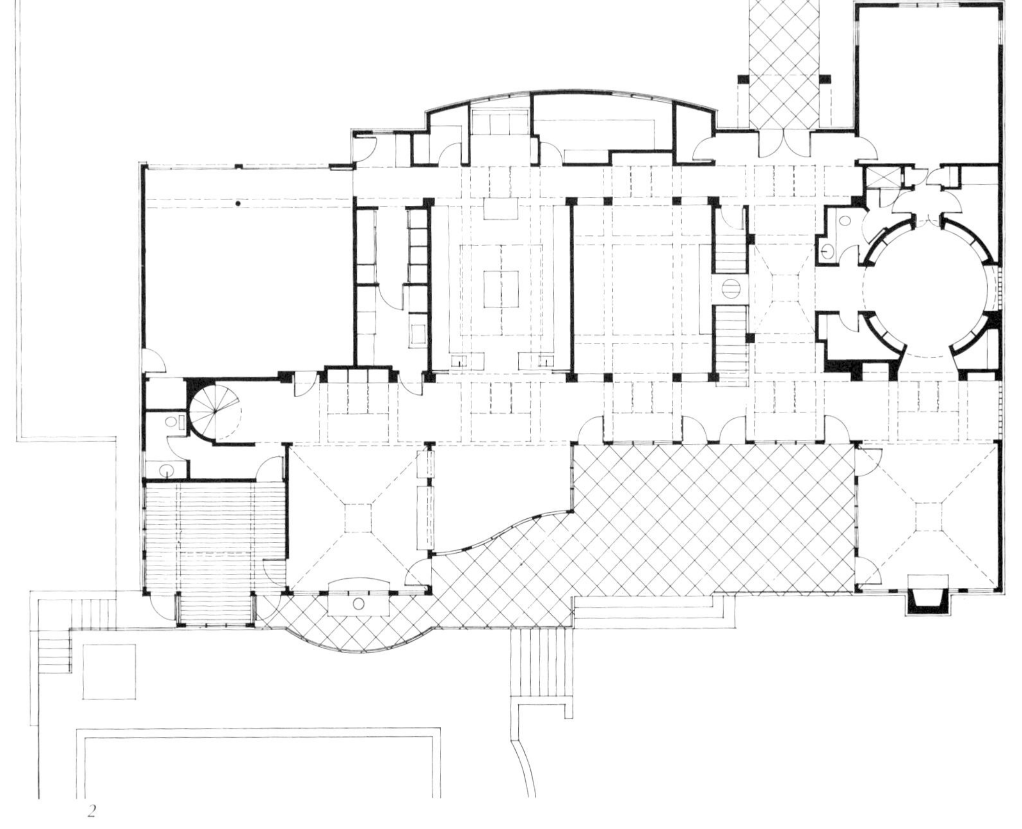

2

3

1 Screened porch view
2 Plan
3 Garden façade

1 有纱窗围护的走廊
2 平面
3 朝向花园的立面

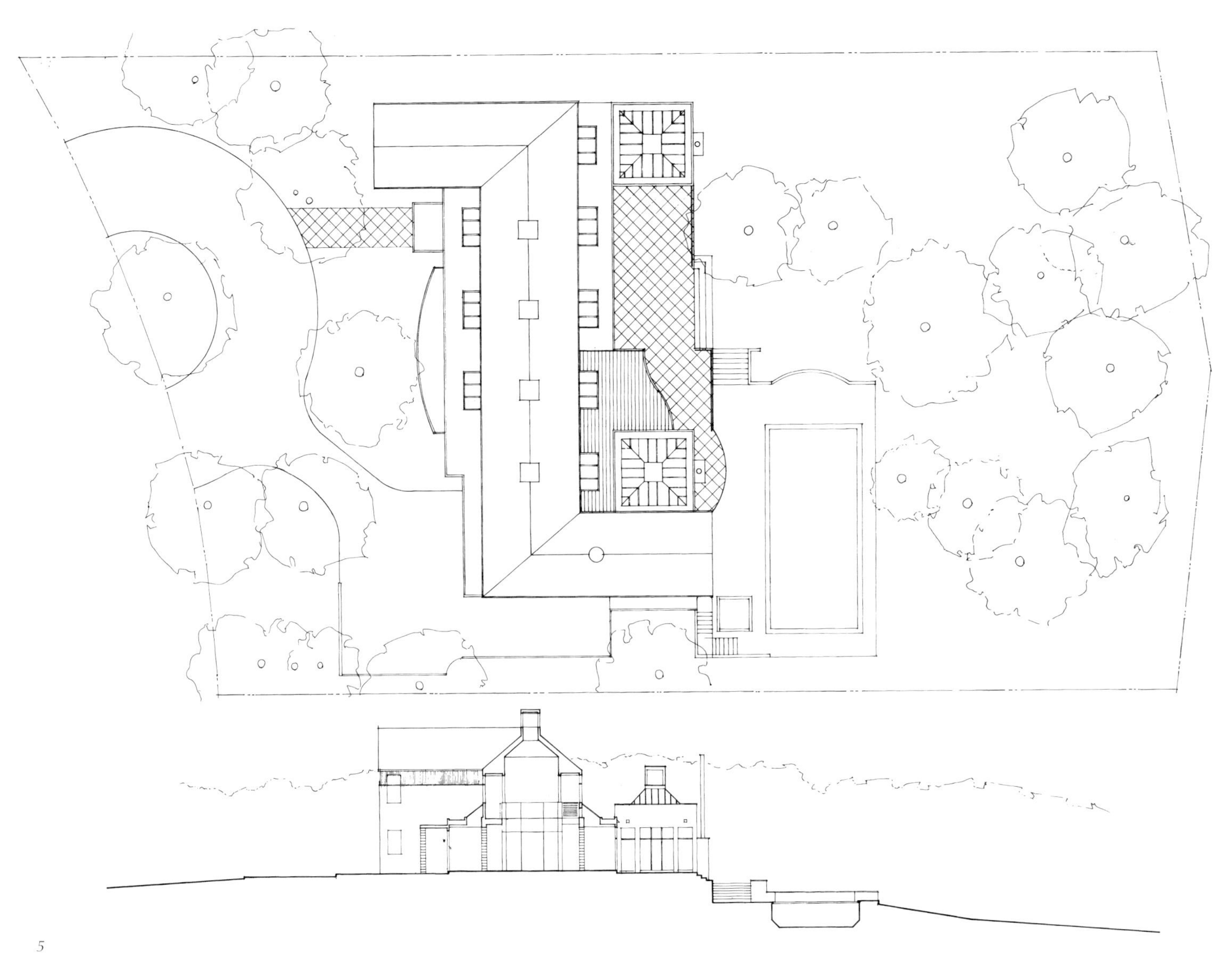

5

6

Opposite:
Kitchen
5 Site plan and section
6 Breakfast room

对面图：
厨房
5 总平面图和剖面
6 早餐室

8

9

对面图:
走廊和泳池景观
8 走廊
9 书房和建筑师设计的地毯

Opposite:
Porch and pool view
8 Gallery view
9 Library; carpet design by architect

HEARD TENG RESIDENCE II

美国　华盛顿(哥伦比亚特区)
1998年完成

Washington DC, USA
Completion: 1998

赫德·滕别墅二期

1　花园平面
2　下沉式草坪，远处是泳池
对面图：
从平台看藏书室夜景

1　Garden plan
2　Lower lawn with pool beyond
Opposite:
Library at night from terrace

20世纪80年代后期，我们曾将一栋二战前建造的有中厅的别墅改建成较为现代的风格；后来它的业主又来找我们委托重新设计其花园。要求包括增建一个游泳池，减少草地(草坪)面积，改建一座现有的木结构凉棚，以及使其大而未得到充分应用、基本上与别墅之间没有关系的院子，能与别墅有更为亲切、有机的联系。

将新建游泳池放在后部尽头处，有利于充分发挥场地进深特别长的优势：形成一个要通过沿途系列空间才能到达的趣味点，从而使整个院落都生动起来。看上去像花园房的新藏书室仿佛蹲坐在矮石墙上，石墙向花园中凸出圈成一块恰好呈长方形的下沉式草坪。降低草坪标高，使得别墅内主要地面高度可以直接伸展深入花园内；不像以前那样，人们走出屋子三步远就碰上一片挡土墙。屋角另一端与藏书室对称的部位是一个与前者平面完全一致的亭子，为室外进餐、休憩提供一处阴凉舒适的场所。

其他建筑小品——诸如绿藤萝架，踏步，螺旋形平台，以及泳池旁供休憩和存放维护设备的亭子——大体上勾划出花园的轮廓。原有棚架经过改建，将藏书房混凝土柱子的韵律引伸到花园里来。

适当控制了材料选用的"调色板"——石墙，喷砂凿毛混凝土柱，青石和石灰石铺地，以及杉木——以不同的组合用于花园。这些材料还被用于藏书室的室内装修。那里像桥般的踏步板形成了一个门槛，周圈磨砂玻璃饰面板使得该处特别明亮，加强了似乎已经走出别墅进入了一间"室外"房间的错觉。石头的踏步及有不规则图案的石板铺地进一步将藏书室与花园里的建筑风格联系起来。

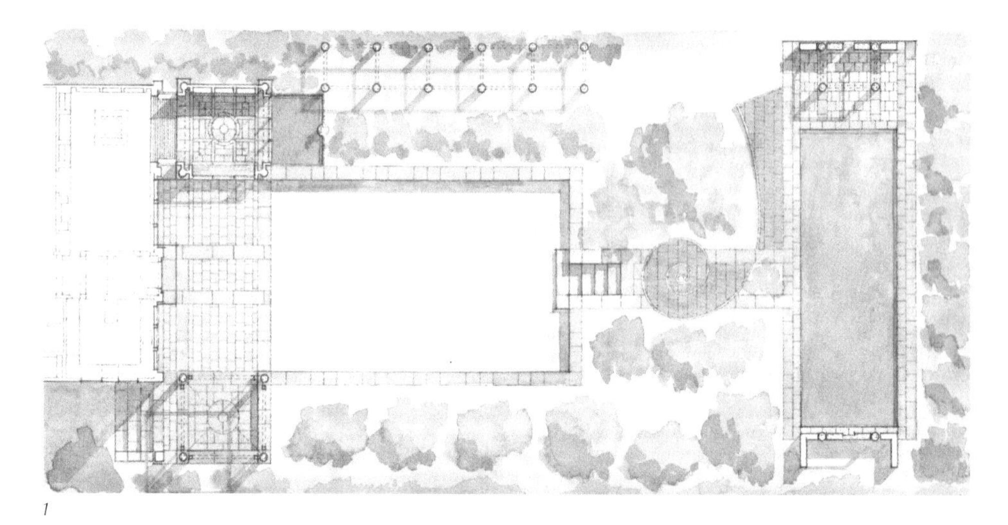

1

2

4

5

4 Detail of entry to library
5 Garden structures
6 Library from family room

4 藏书室入口细部
5 园中花架
6 从家庭活动室看藏书室

6

7

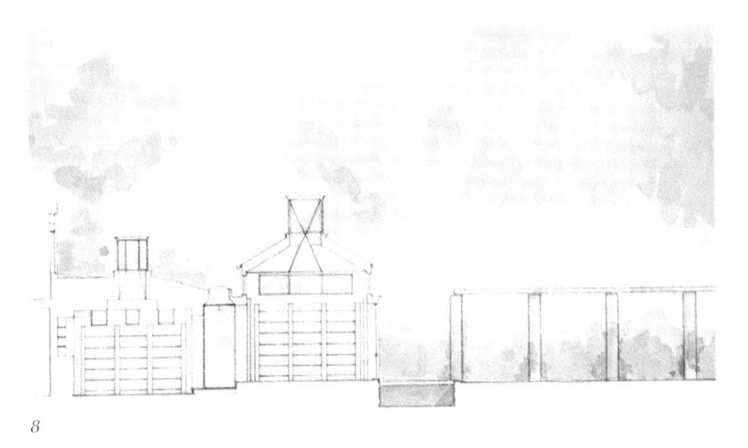

8

9

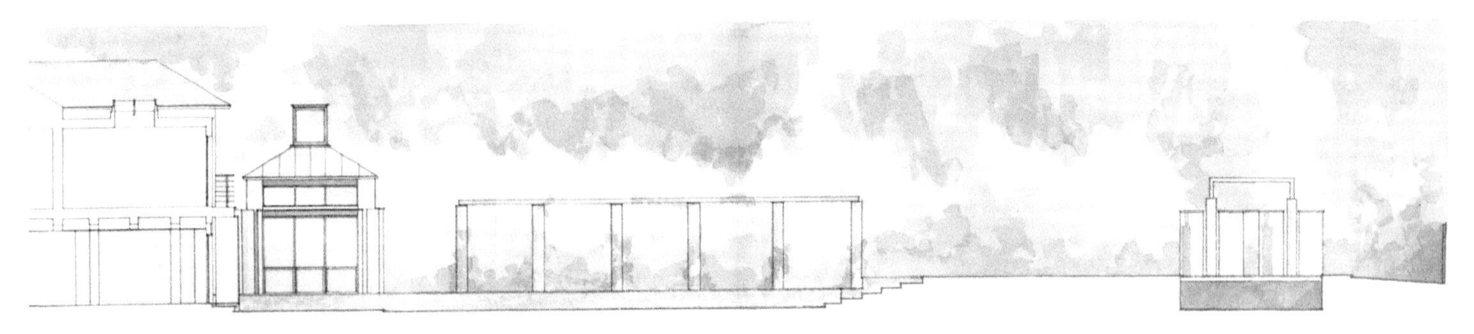

10

11

7 *Library*
8,9&10 *Sections and elevations*
11 *Library cupola and tie rods*

7 藏书室
8,9&10 剖面和立面图
11 藏书室帐顶和联结杆

ARMSTRONG HOUSE

美国马里兰州，波托马克，Merry-Go-Round Farms, Potomac, Maryland, USA
Merry-Go-Round　1999 年完成　Completion: 1999

阿姆斯特朗别墅

1　从树丛看别墅
2　入口立面
3　桥、入口和起居室处剖面图

1　View from woods
2　Entry façade
3　Section through bridge, entry and living room

这栋别墅是为有两个已经长大的孩子的夫妇设计的。为了简化业主的生活，没有安排大量有特定用途的房间，而是设计了少数几个宽敞的空间。要求设置的三个卧室中的一间，位于首层以便将来可根据需要改作其他用途。此外主要是一间尺度适宜的书房，一个宽大敞开的厨房，以及一处两层通高、宽大的起居室兼餐厅。后者呈凸出于外的半圆柱形，尽览林木葱茏的基地景观，而其余房间则安排在规则的长条形体块中。上部天窗将前面半圆柱体与后面长方块切分为前后两个部分。楼梯顶部的平台位于天窗之下，是整个别墅的交通枢纽，联系前后两部分。材料的应用——混凝土、钢、玻璃和木材——着重于表现它们自身的天然品质。

1

2

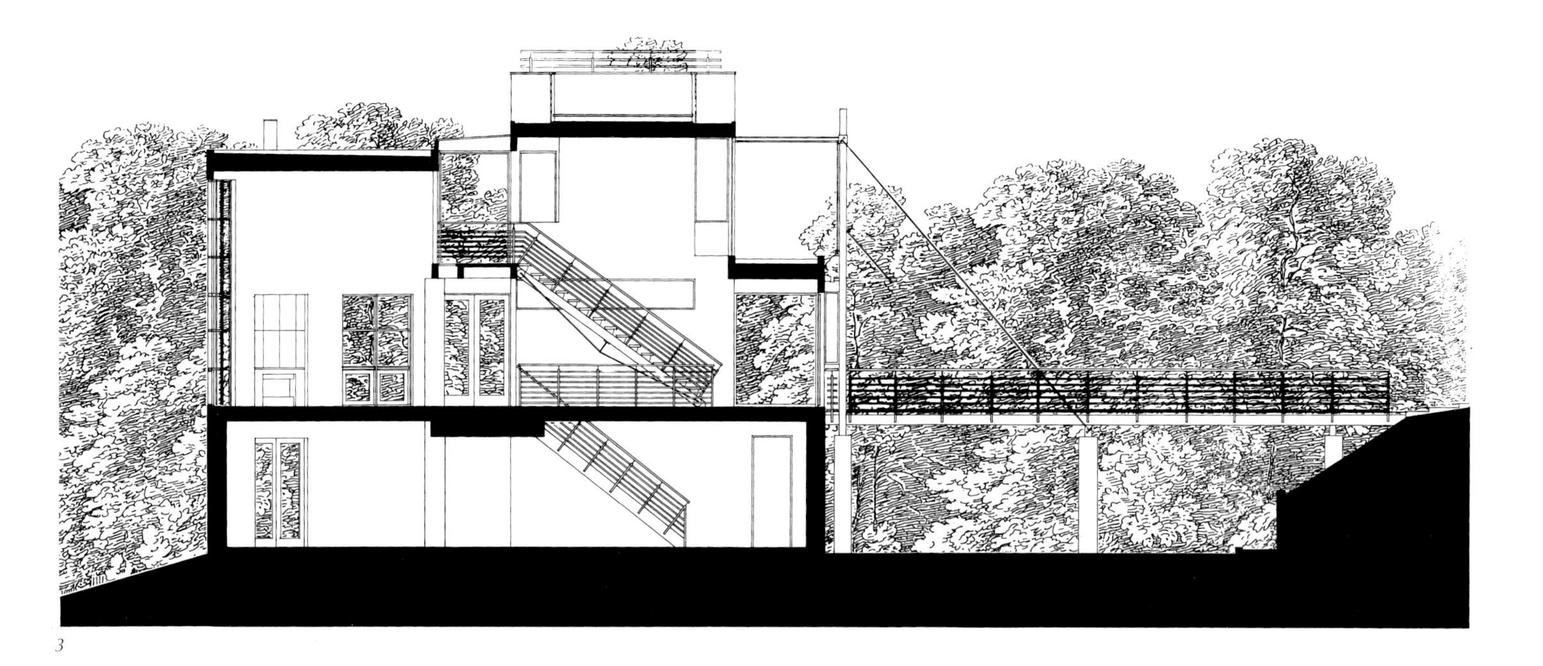

3

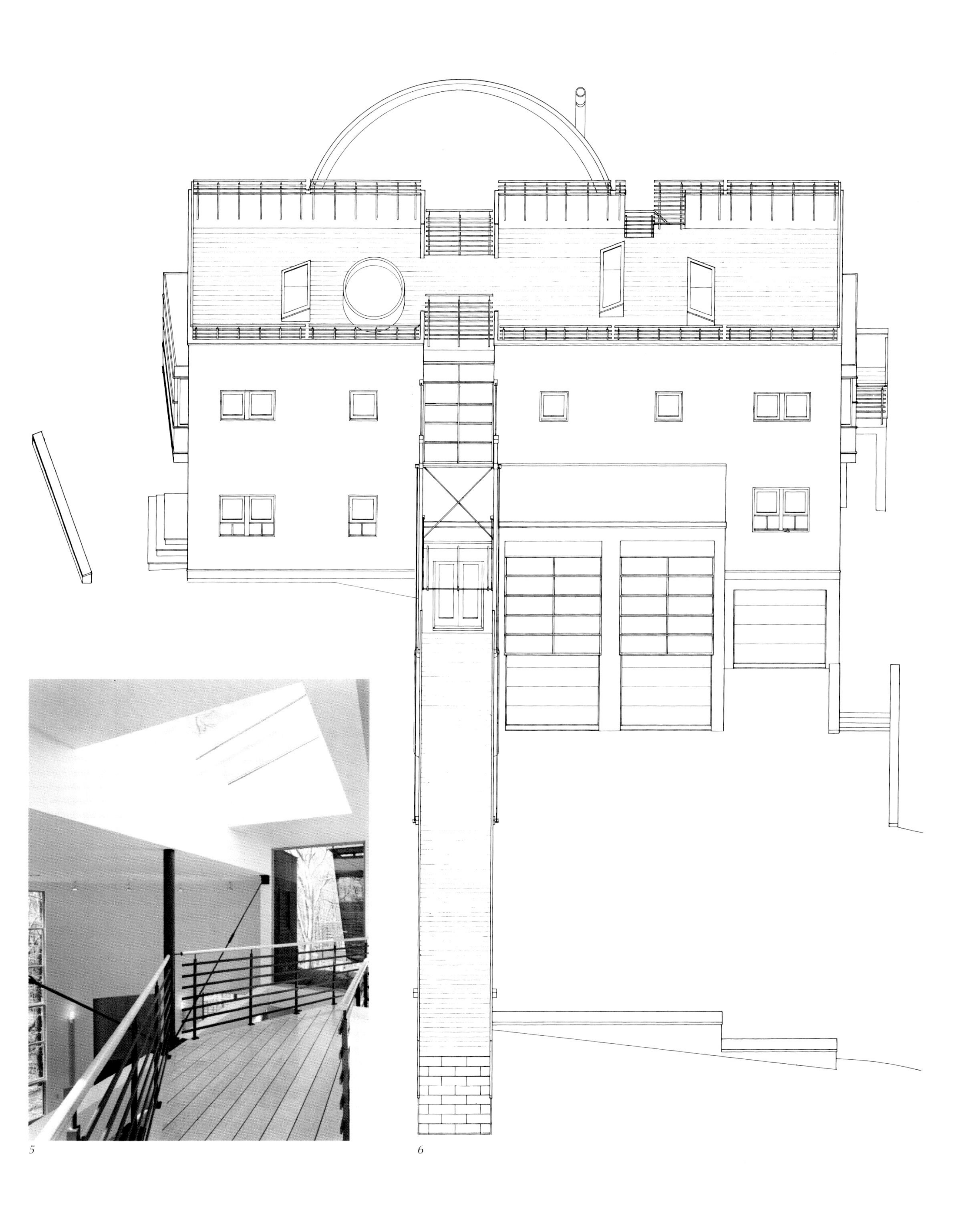

5

6

Opposite:
Entry bridge detail
5 *Stair landing*
6 *Axonometric, entry side*

对面图:
入口桥细部
5 楼梯平台
6 入口一侧轴测图

7 Plans
8 Entry bridge model
Opposite:
Detail of column, stair, and landing

7 平面图
8 入口桥模型
对面图:
柱、楼梯及楼梯平台细部

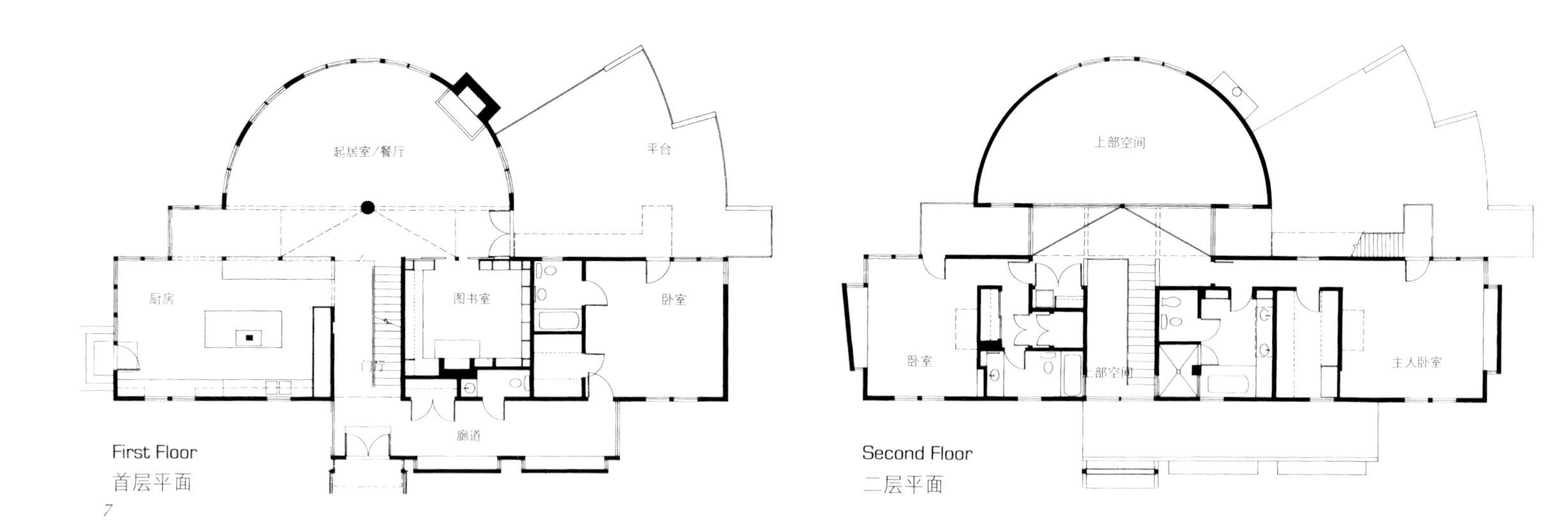

7

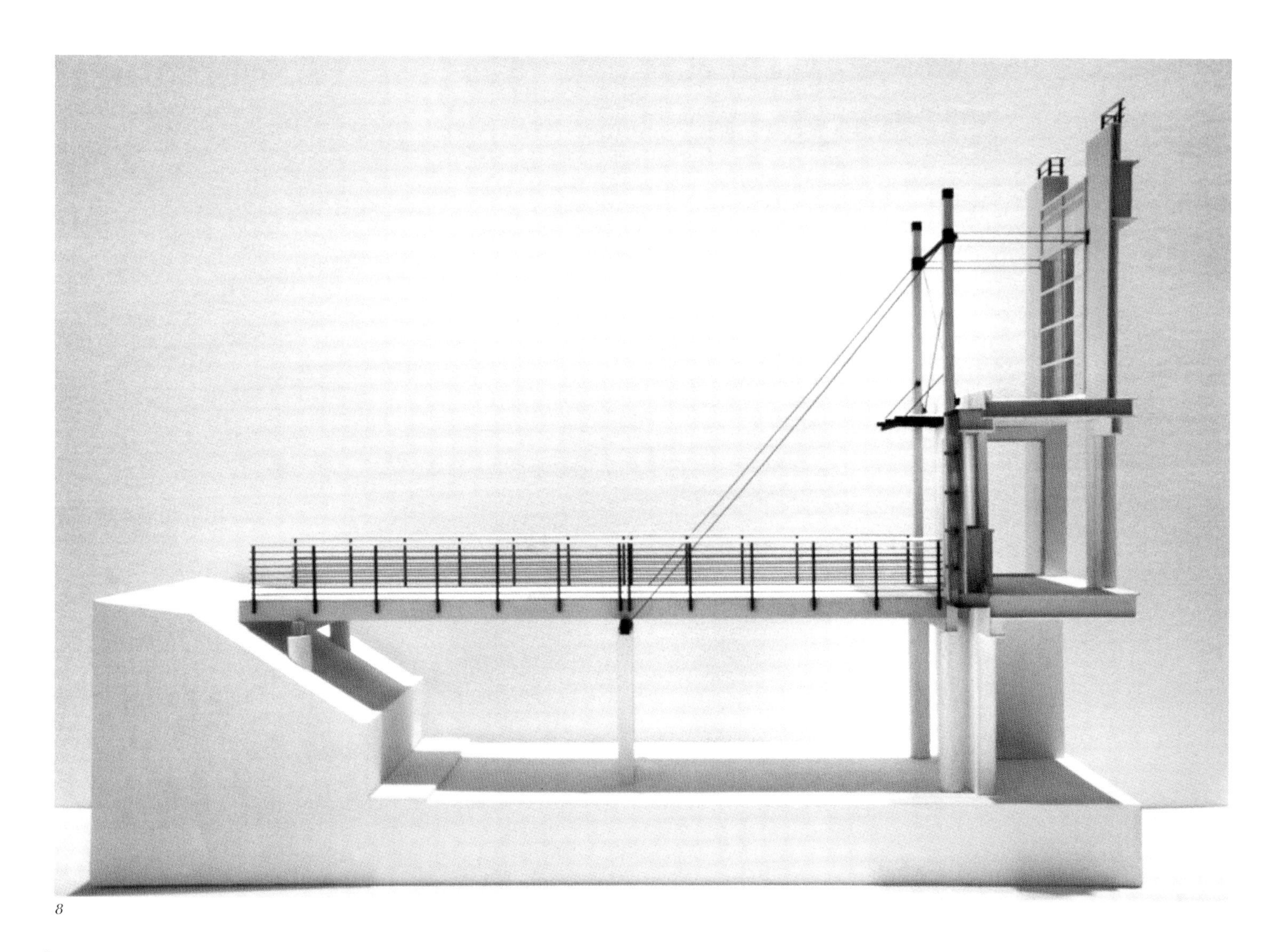

8

11

12

13

14

对面图:

入口门厅

11 从树林看侧面景观

12 廊道

13 起居室

14 从厨房看起居室

Opposite:

Entry hall

11 Side view with woods beyond

12 Gallery

13 Living room

14 View from kitchen with living room beyond

RESIDENCE IN OLD TOWN

美国，弗吉尼亚州，亚历山德里亚
1999年完成

Alexandria, Virginia, USA
Completion: 1999

老城里的别墅

1 Axonometric
Opposite:
Kitchen

1 轴测图
对面图：
厨房

本项目涉及弗吉尼亚州，亚历山德里亚市，插建在一小片历史性建筑群当中的一座房屋的改建工程。随着时间的推移，在一座第二帝国时代风格城市邸宅，一栋服务性房屋（当地人戏称为"胡来"flounder）和一个车库之间的空地上插建了一组房间。前一次对它们的改建形成了一个不规则的厨房加居室的套间。由于买下了邻近的一处小别墅，使得这份产业有了一个新的客房以及与中间共用的一个院子，从而有了加以改建的余地。一个新建的早餐室现在凸出于共享的院子里：原来只有7英尺高的厨房，现在改成有两层净高之"胡来"空间。居室被扩大，交通关系被理顺，里里外外重新进行了修饰。选用材料时重点考虑它们各自的表现潜力，目的是要使这个塞在历史性建筑群中间的连接空间也能有它自己的个性。

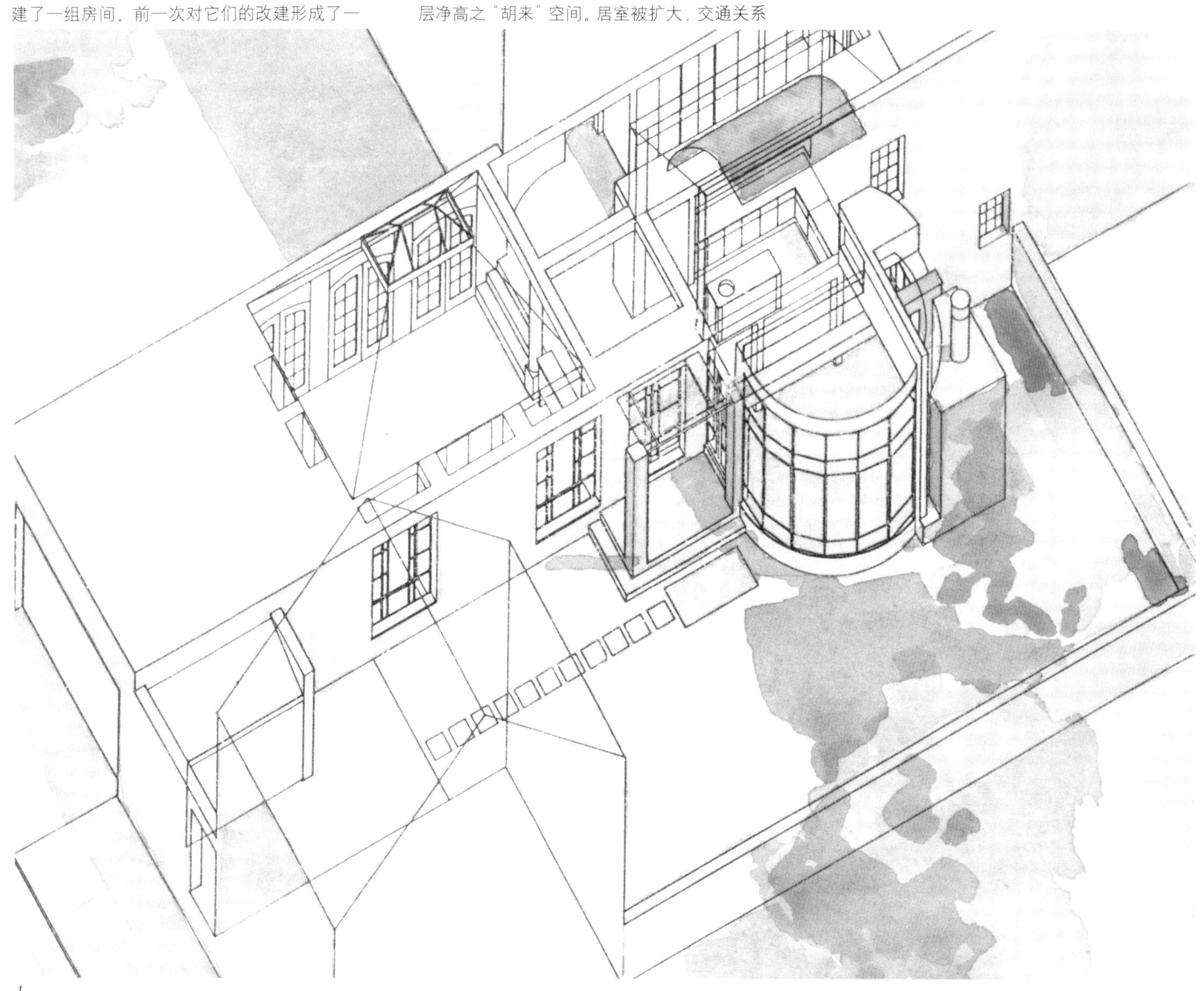

1

VIKING

3

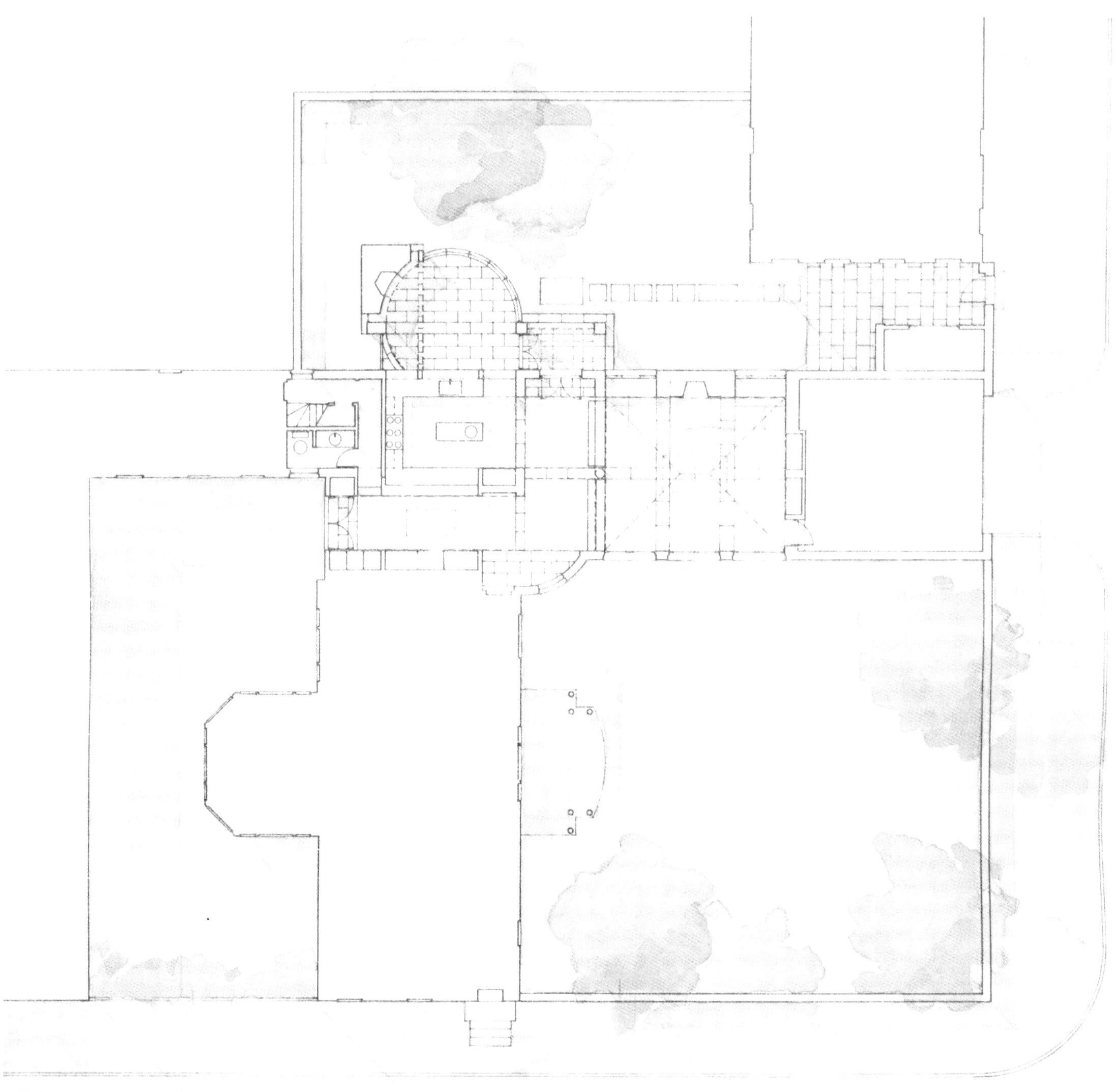

4

3 Garden view
4 Plan, after
5 Family room

3 花园景观
4 改造后的平面图
5 起居室

5

6 *Detail of breakfast room*
7 *Night view of breakfast room*
Opposite:
Kitchen

6 早餐室细部
7 早餐室夜景
对面图：
厨房

6

7

9 Breakfast room
10 Breakfast room in garden
11 Plan, before
12 Kitchen

9 早餐室
10 从花园看早餐室
11 改造前的平面图
12 厨房

9

10

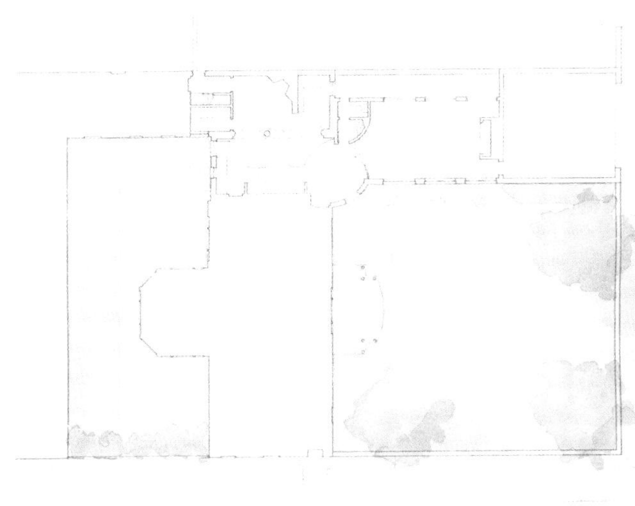

11

12

HANSON SCIANNELLA RESIDENCE

美国，马里兰州，罗克维尔
1999 年完成

Rockville, Maryland, USA
Completion: 1999

汉森 · 希安纳拉别墅

2

这个项目涉及一栋牧场式别墅和一次拆除过程——也就是说，是调整而不是增建。在这栋一层别墅现有范围内，一些内墙被拆除，其余则被组织进一系列以彩色抹灰面、玻璃和枫木墙柜形式出现的"面"中。原来黑暗的盒子般的房间现在变得明亮、开阔；此外，平面的封闭性被打开以后，传统牧场式平房别墅特有的，横向开阔的视野优势，得以充分体现。

1

1 从餐厅看廊道及通向地下室楼梯
2 餐厅
对面图：
从厨房看餐厅

1 Detail of view toward entry
2 Dining room
Opposite:
View from kitchen

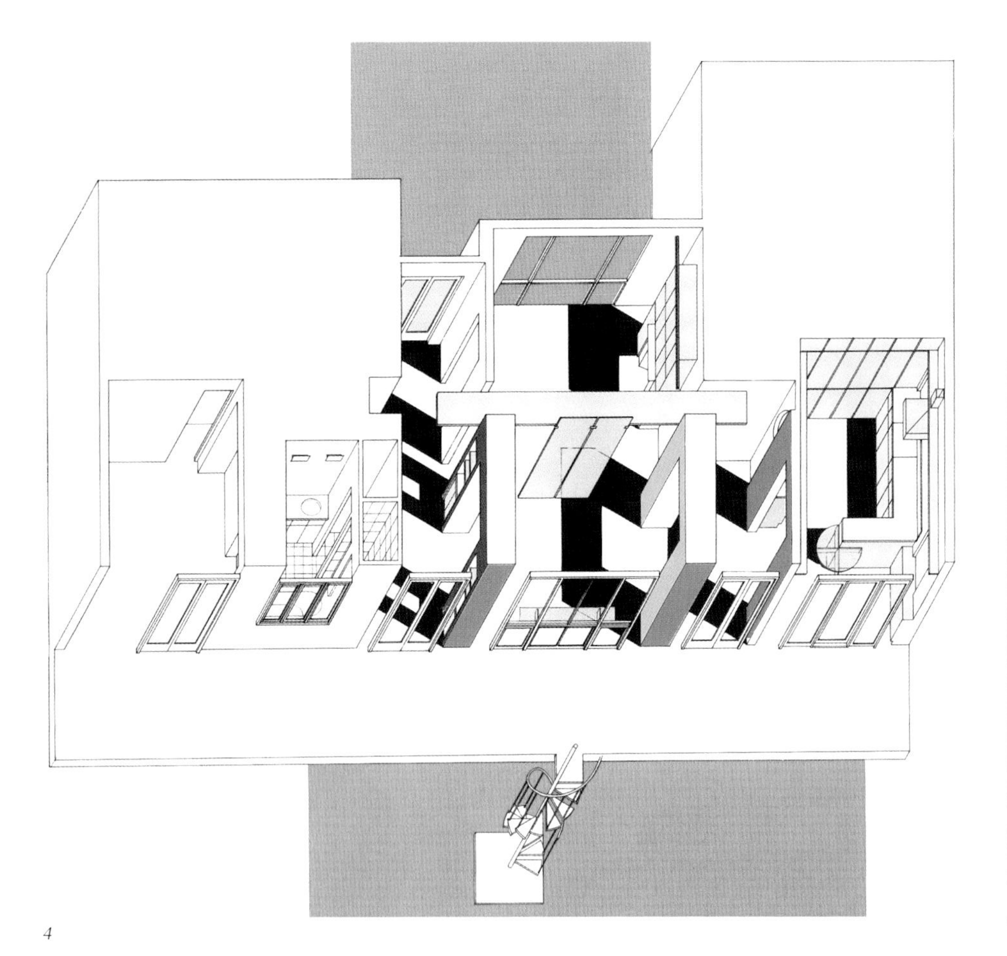

4

5

6

4 轴测图　　4 Axonometric
5 起居室　　5 Living room
6 餐厅　　6 Dining room

对面图:
从廊道看起居室
8 改建前平面与改建后平面
9 餐厅一侧的玻璃墙

Opposite:

8 Plans, before and after
9 Glass wall with dining room beyond

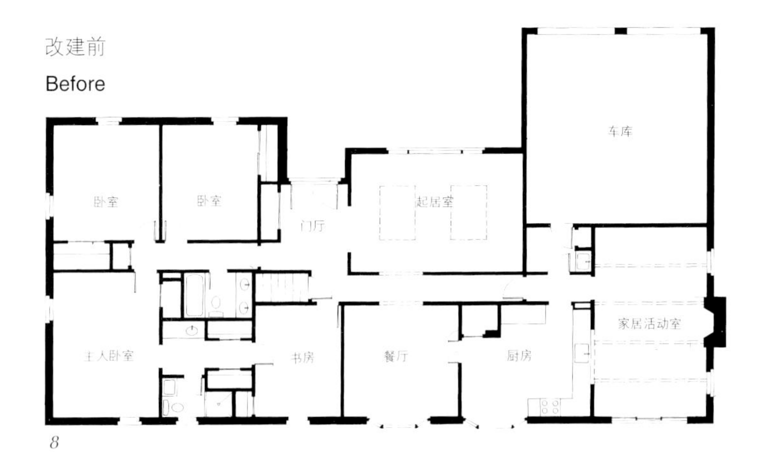

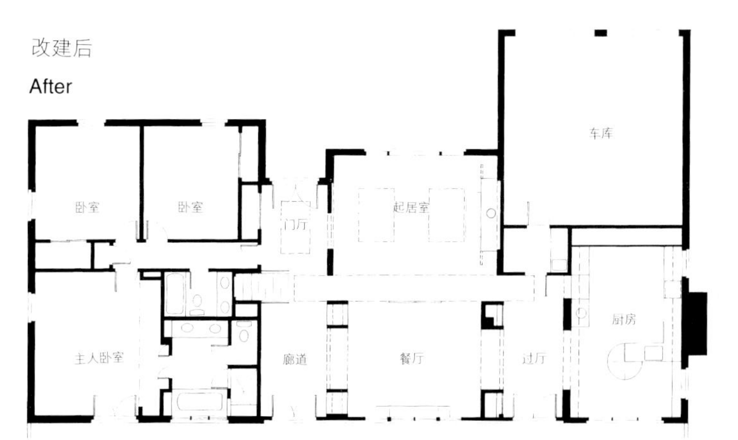

8

9

WEINER RESIDENCE II

美国　华盛顿(哥伦比亚特区)
1999 年完成

Washington DC, USA
Completion: 1999

华纳别墅二期

1　Section
2　New garden façade

1　剖面图
2　新花园立面

在历史上华盛顿的街区结构允许，甚至是鼓励沿街建造一排中产阶级的城市邸宅，而在街区内部沿小胡同或大场院建成排的工人阶级小住所。国会山地区残留了若干个这样的院子，其中一个提供了本项目的场地。我们的业主在那里住了十年后有机会买下一个相邻的小住所，并且更进一步，还包括它附属的一个更小的院子。业主原有住所占满了 14 英尺 × 44 英尺(约 4.3m × 13.4m)地块，没有室外空间。他对取得的空间并无特定的新的使用要求，因此可以将它看作是纵情欣赏那200平方英尺(约 18.6m²)新增“花园”所能带来之无限欢乐的场所。

对新增住所——11 英尺(约 3.4m)宽，30 英尺(约 9.1m)长，两层高——进行了拆改。新老房子之间的分户墙表面抹灰被铲去，刷成白色，并在后墙上面打穿了若干洞口使内外相互联系起来。现在分户墙上的新开口联系两幢房屋。一个横跨的木制平台悬架在明亮开敞之新的二层空间里，与老宅二层上起居室相通，作为额外的休憩场所。在它的下面是新的主人卧室。卧室外侧，楼梯间所在之两层净高空间，仿佛是前后相联房子的一个直通院子的室内“天井”。从老宅二层起居部分开出的一个微形“挑台”，以及新宅木制平台处均可俯览上述内天井。面向空地的后墙大部分被拆去形成贯通室内外之新的大面积门窗墙。窗上的杉木百叶为室内遮阳，并提供因邻居近在咫尺而特别需要的不受干扰性。

设计不太理会传统的房间类型观念及相关要求，而对大家来说更感兴趣的是：创造有趣的，从亲切的到戏剧性的各种空间，使住所和场地活跃起来，以及从增加的几个平方英尺面积中得出远远多于作为两座独立住所时所能达到的效果。

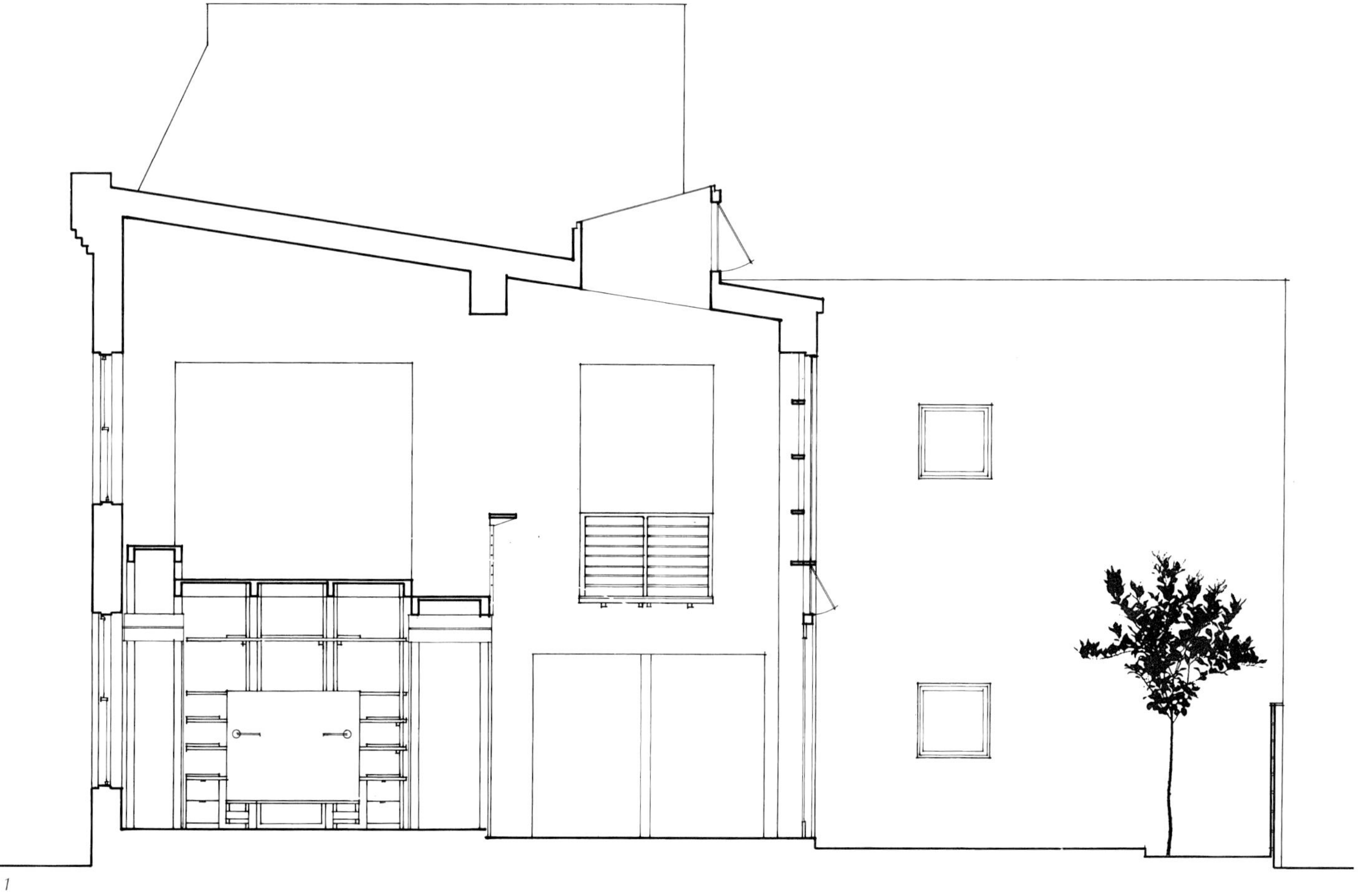

1

3

4

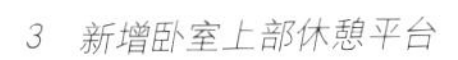

3 新增卧室上部休憩平台
4 模型
5 改造后平面
6 卧室床细部

3 *View of seating platforms above new bedroom*
4 *Model*
5 *Plans, after*
6 *Bed detail*

改造后二层 After — 2nd floor

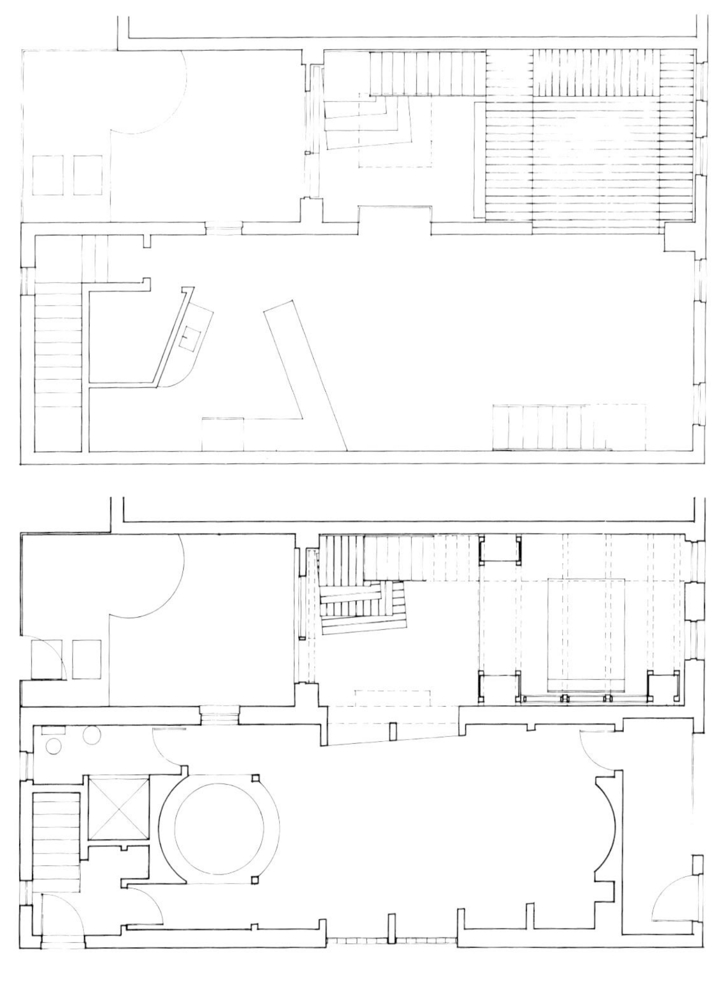

改造后首层 After — 1st floor

5

6

7

8

9

10

7 Stair detail
8 Seating platforms
9 Bed detail
10 Stair to seating platforms viewed from new kitchen balcony

Opposite:
View from bedroom

7 楼梯细部
8 休憩平台
9 卧室床细部
10 从新增厨房挑台看通向休憩平台的楼梯

对面图:
从主卧室看

WITHERS HOUSE

美国　马里兰州　阿科凯克
1998 年完成

Accokeek, Maryland, USA
Completion: 1998

威瑟斯寓所

为一位艺术史教授设计的这栋小别墅占用马里兰州乡下一块十英亩的林木繁茂的宅基地。业主是在新英格兰一座由建筑师丹·基利(Dan Kiley)设计的房子里长大的，他对新寓所只有两点要求：树林里的一座具有基利风格的简洁、廉价的小屋子；为已委托画家珍妮特·萨阿德·库克(Janet Saad Cook)绘制的一幅以太阳为主题的画安排一处合适的展示环境。业主的寓所体现在两栋沥青瓦屋顶、功能紧凑的侧翼里；而"萨阿德.库克"则居中，一个连接两翼之金属和玻璃的大房间。这个容纳起居和进餐功能需要的空间是围绕这幅画设计的。这里，太阳主题的绘画反映着一种想像，随着天上太阳和云彩的移动而向墙上反射出变幻不定的影像——一种对地点、时间和建筑所作出的短暂反应。玻璃墙是向北的，二层上架空连接两翼的桥式通道就在它的里侧。南墙只有接近地板和顶棚处有条形窗，太阳可以照射进来，留出中间一片布告板似的面可以反映投射过来的影像。

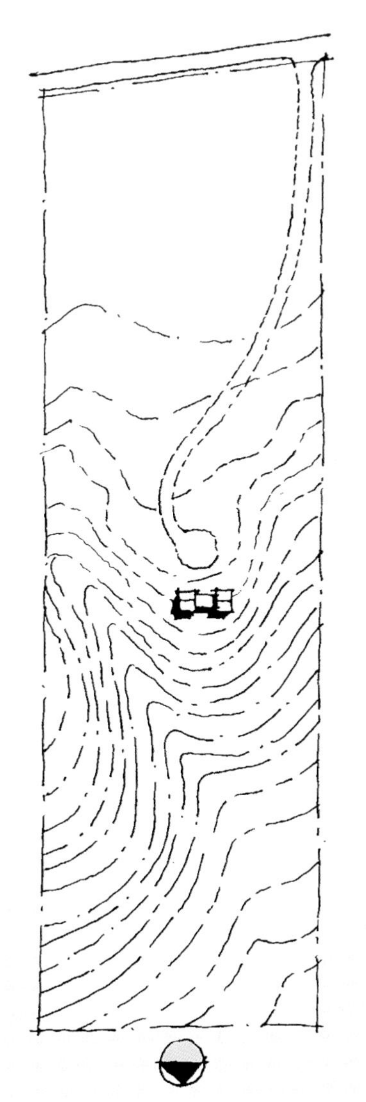

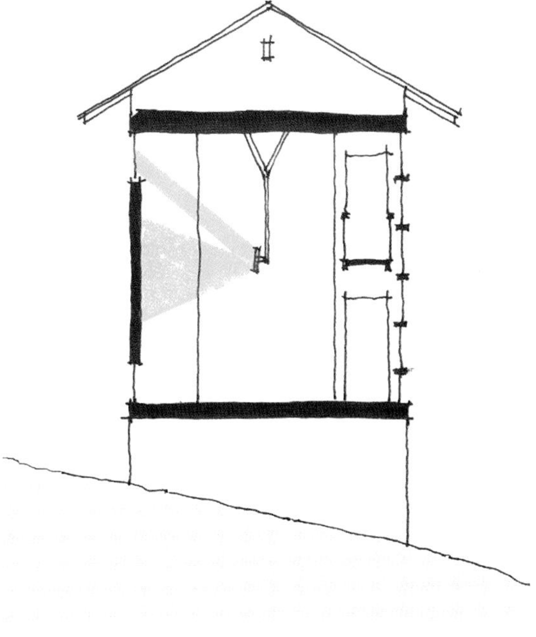

1

2

1 总平面图和显示太阳主题画投影装置的剖面图
2 从山坡下看北立面，窗内可见连接两翼的桥式通道

1 Site plan and section detail showing sun drawing armature
2 View of north wall from downhill, showing bridge structure

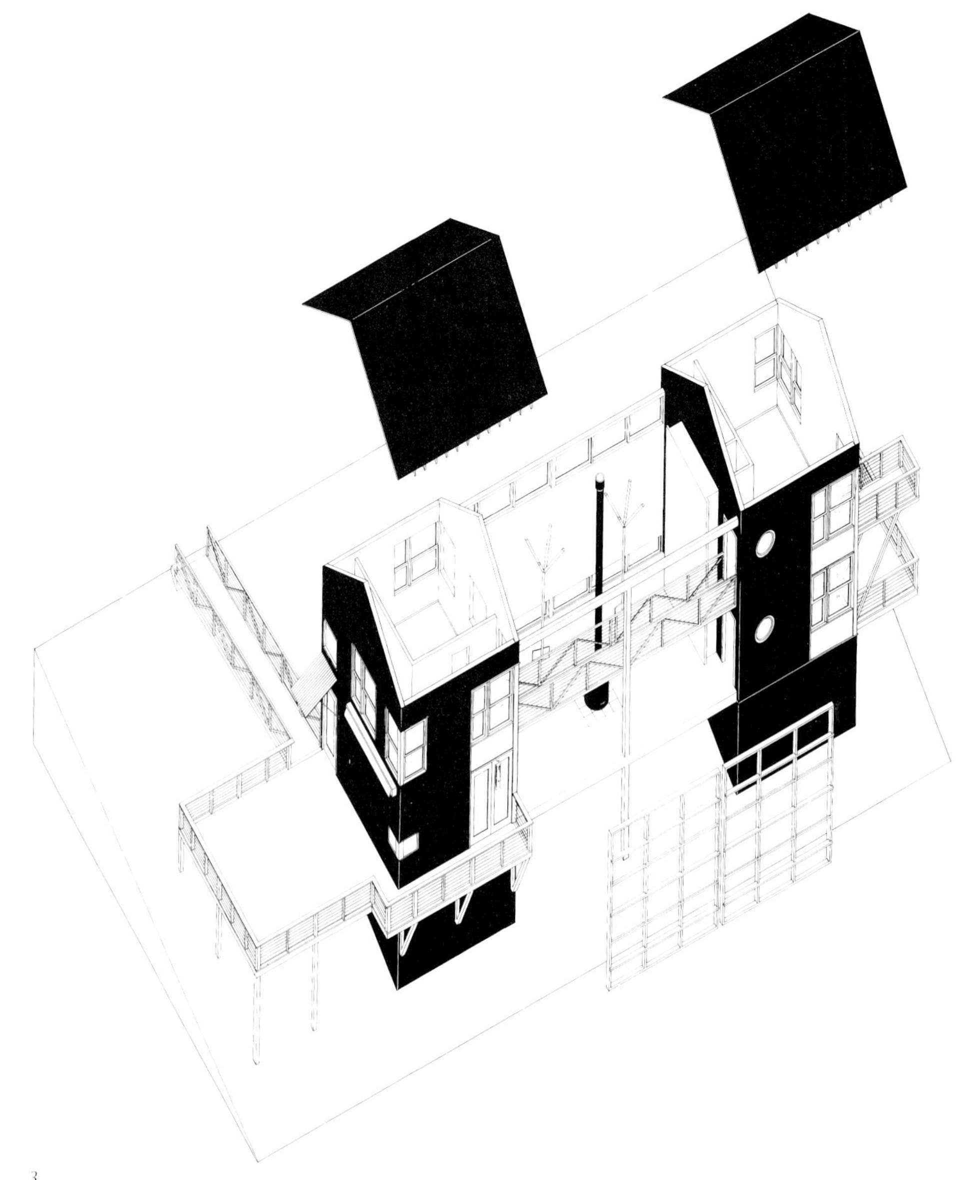

3

3 Axonometric
4 Model
Opposite:
View of great room showing interior bridge and glass wall; sliding corrugated metal panels cover study windows

3 轴测图
4 模型
对面图:
起居室，左侧为室内桥和玻璃墙；右上是遮挡书房内窗之推拉式波形金属板

4

6 西翼
7 入口，南立面中间为太阳主题画投影所需"布告板"墙面之外景
8 南墙室内
9 起居室内，太阳主题画带平衡锤之投影装置，可随季节调整

6 View of west tower
7 Entry view with billboard-like wall for sun drawings
8 View of south wall
9 View of great room with counterweighted armatures that allow seasonal adjustments to sun drawings

6

7

8

9

COZZENS RESIDENCE

美国　华盛顿(哥伦比亚特区)
2000年完成

Washington DC, USA
Completion: 2000

科曾斯别墅

1　朝向波托马克河的立面夜景
2　朝向波托马克河的立面图
对面图:
　朝向河立面的柚木遮阳板

1　Potomac River elevation at night
2　Potomac River elevation
Opposite:
　Teak sunscreens on river elevation

当我们的客户买下坐落在乔治城位置特别好的一处别墅时，他认为只需要为之增加一些浴室。其后的检查表明：房子的南侧后来扩建的部分是筑于60英尺(约18.3m)填土地基上的，现在已在向南位移。

新打的长约60英尺(约18.3m)以上的螺旋型钢桩稳定了结构的位移，而新加的钢框架增强了70年代前期修建的四层高扩建部分的刚度。拆掉部分二层楼板，形成了一个可以眺望华盛顿的一处最佳景观之两层净高的空间。室内，一片镶满书架的墙贯穿三个楼层。外面，柚木遮阳板为新修的钢与玻璃的立面遮挡南面的日照。

1

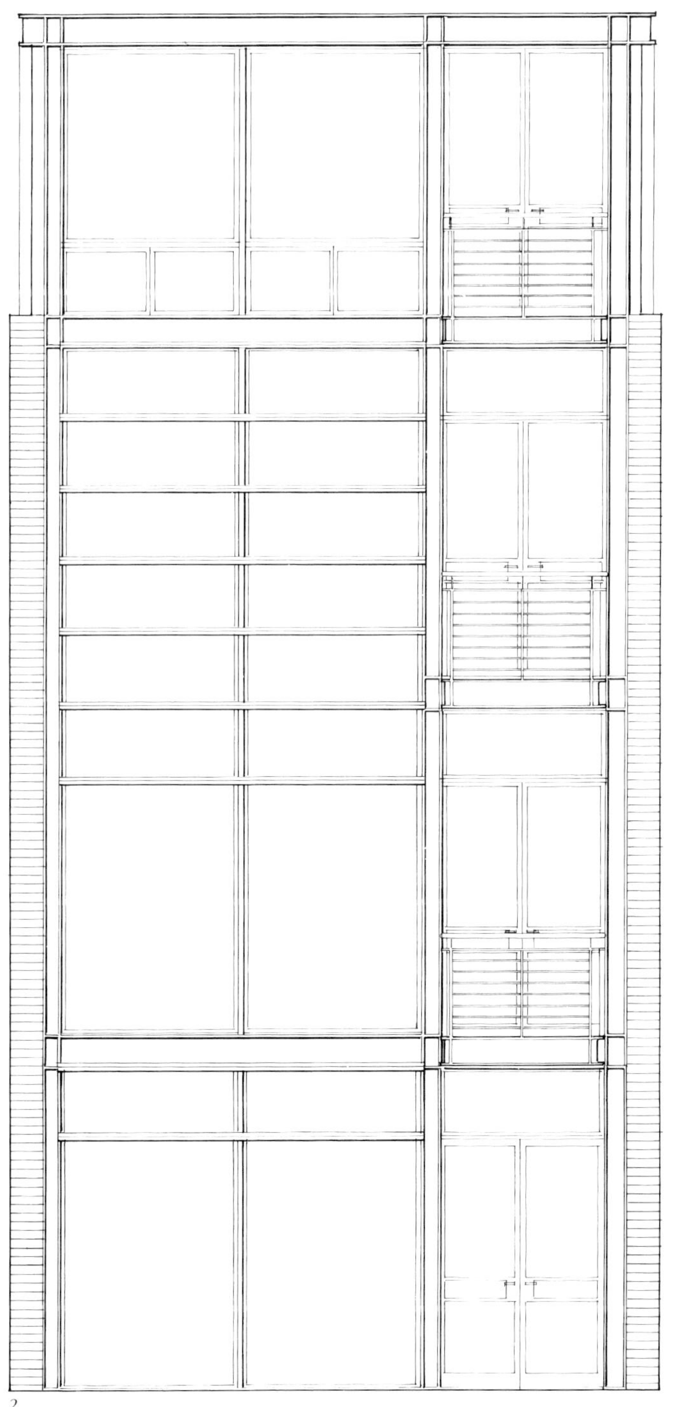
2

4

4 Dining room, with stairs up to view room
5 Section

4 餐厅，楼梯通向观景室
5 剖面图

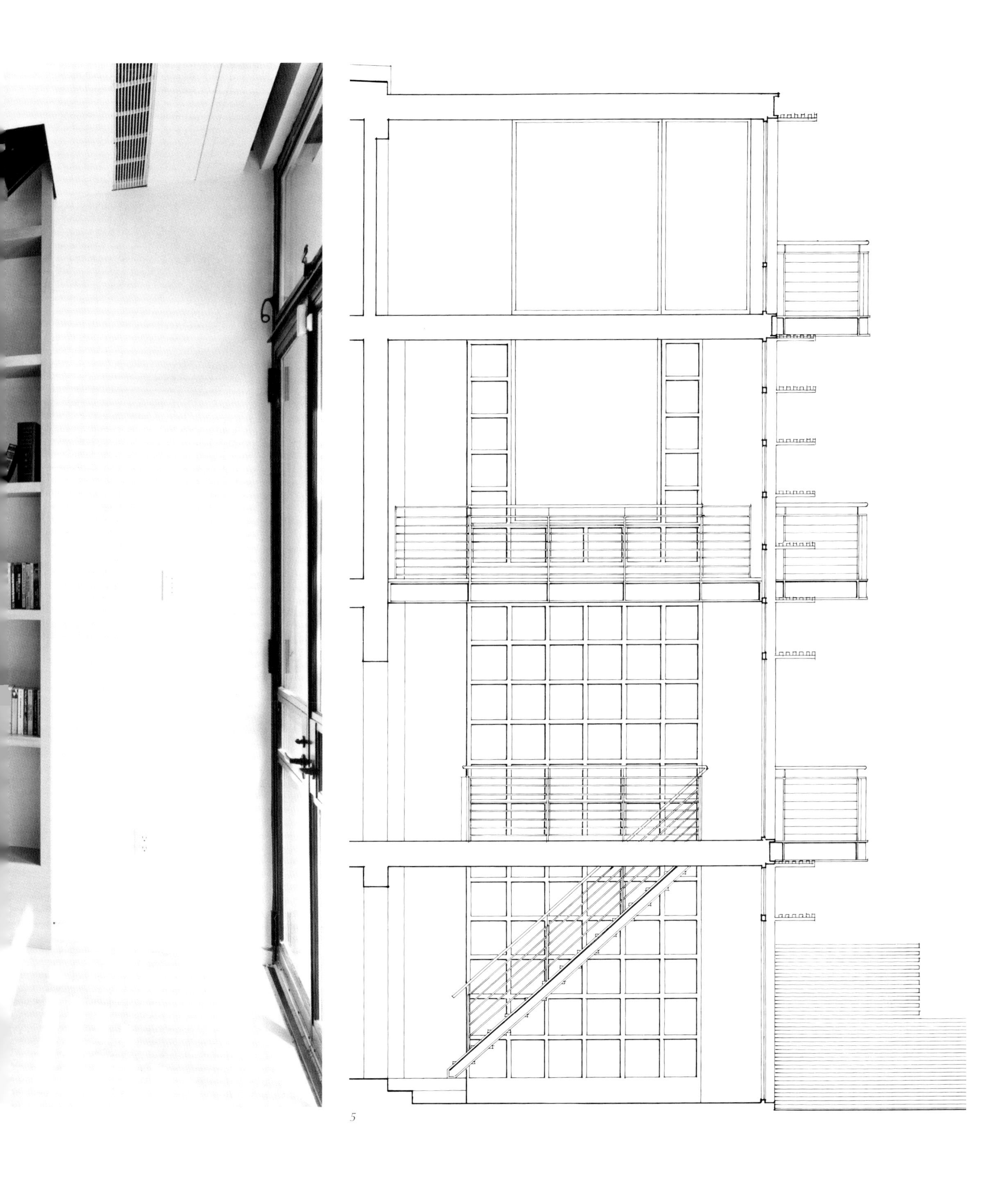

5

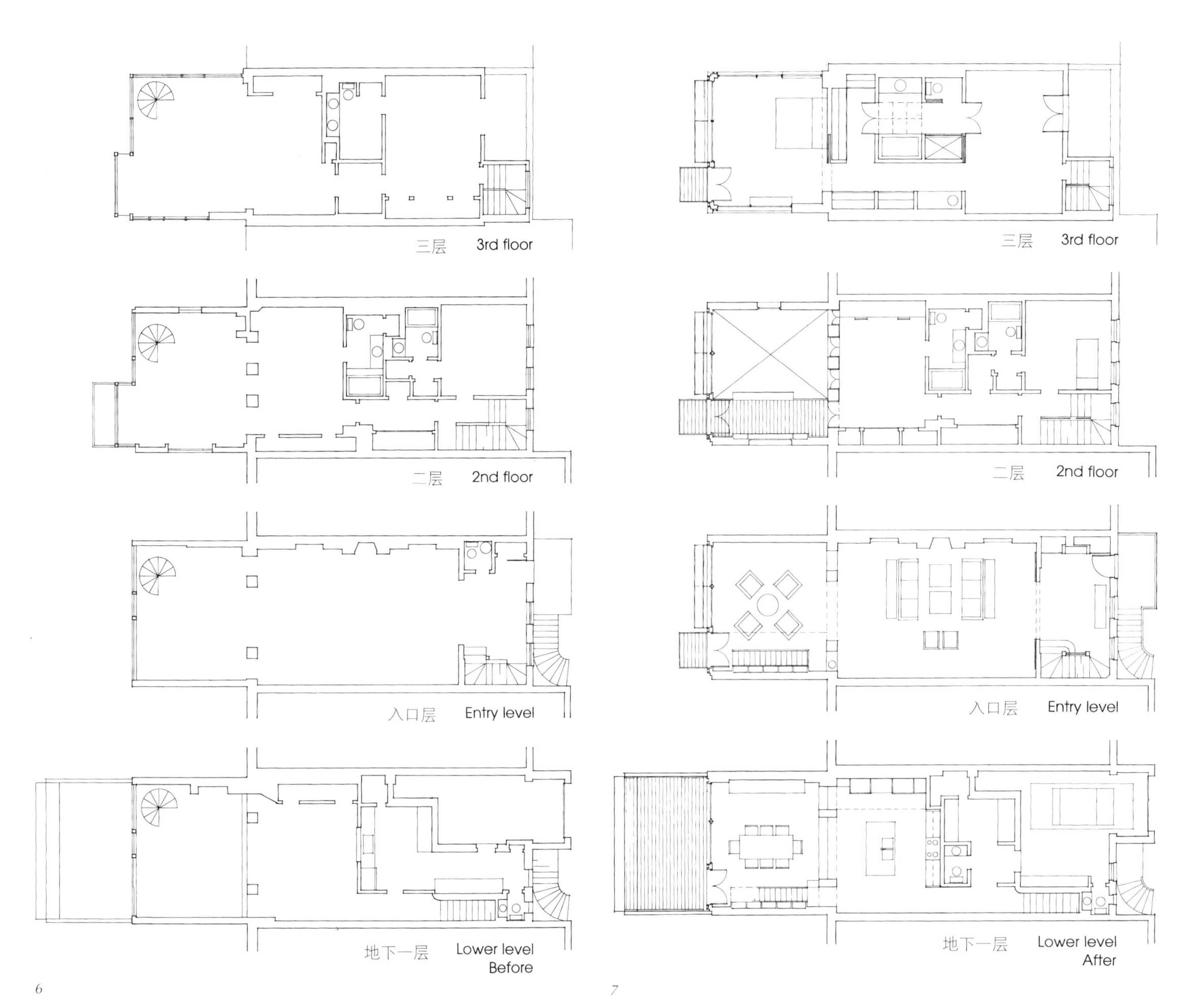

6

7

8

6 改建前平面图
7 改建后平面图
8 主卧室
9 模型
10 轴测图
11 餐厅，后侧为厨房

6 Plans, before
7 Plans, after
8 Master bedroom
9 Model
10 Axonometric
11 Dining room with kitchen beyond

9

10

11

13

14

Opposite:
Double-height view room and bridge from study
13 View room
14 View from study bridge

对面图：
两层净高之观景室和书房伸出的架空过道
13 观景室
14 从书房架空过道看

MARTIN SHOCKET RESIDENCE

美国　马里兰州切维蔡斯
2000年完成

Chevy Chase, Maryland, USA
Completion: 2000

马丁·肖凯特别墅

当业主买下位于华盛顿特区一个较老郊区的一座建于20世纪20年代，那种往往在商品别墅目录里见得到的四方形的别墅，他们发现后院里还有一座平面相似，当初是作为营业性照相师工作室用的平房，然而却从来没有这样用过。它与前述别墅之间有一个连接体相通，并同时解决了二者之间有半个楼层地坪高差的矛盾。我们的任务是将该平房与别墅使用和家居活动结合起来。

为此，我们将二者之间的连接体改成开敞式的，并使改造成的家居活动室主要朝向花园比较宽的一面。后者简约的现代化美学风格与原有别墅形成愉快的对比。钢窗、玻璃砖使得室内可以避免来自邻居方面的干扰，无柱的廊子则能提供较开阔的景观。

由于这个房间尺度宽裕，墙壁和顶棚向外凸出一些面并不至影响使用。凸出面之间的凹槽部位可暗藏灯具和遮阳的百叶。房间里家具配置疏落，电视机藏在推拉门扇后面，一座壁炉同时面向两侧，此外还有一张桌球台子。玻璃砖墙上有一块悬挑出来的横坐板，当主人在玩球时，可供其他人坐下休息。

1　廊子上部钢骨架玻璃雨罩
2　从花园看

1　Steel and glass canopy over porch
2　View from garden

1

2

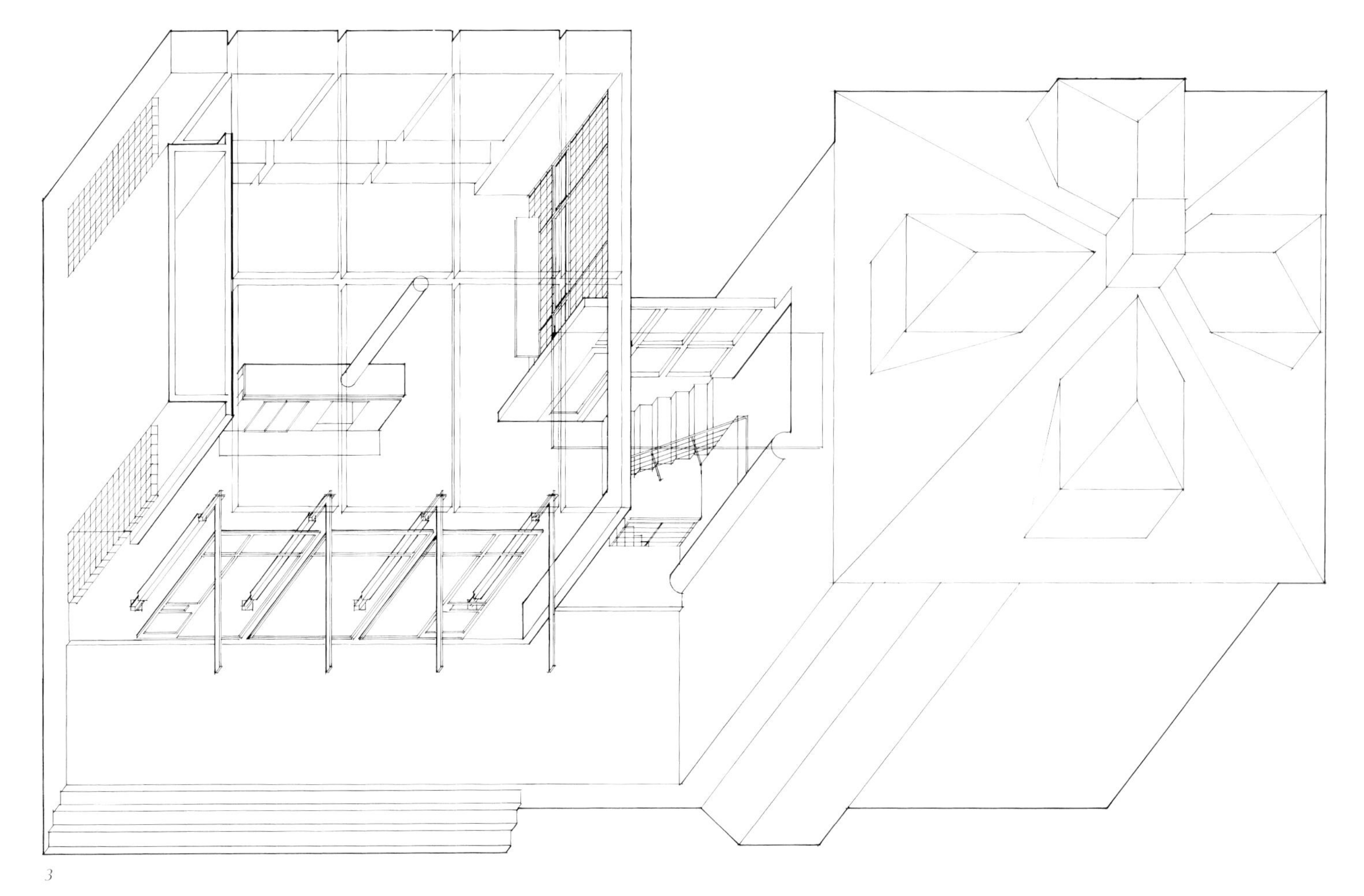

3

4

3 轴测图
4 面向两侧的壁炉，前面是花园
5 分块凸出的墙和顶棚

3 Axonometric
4 Two-sided fireplace with garden beyond
5 View of articulated wall and ceiling planes

5

6

6 Seating area with fireplace and glass panels over television cabinet
7 Detail of interior screens and exterior steel and glass canopy
8 Site plan/plan, before
9 Family room

6 有壁炉的休息区和有玻璃面板的电视柜
7 室内顶棚和室外钢与玻璃的雨罩细部
8 总平面／改建前平面
9 家庭活动室

7

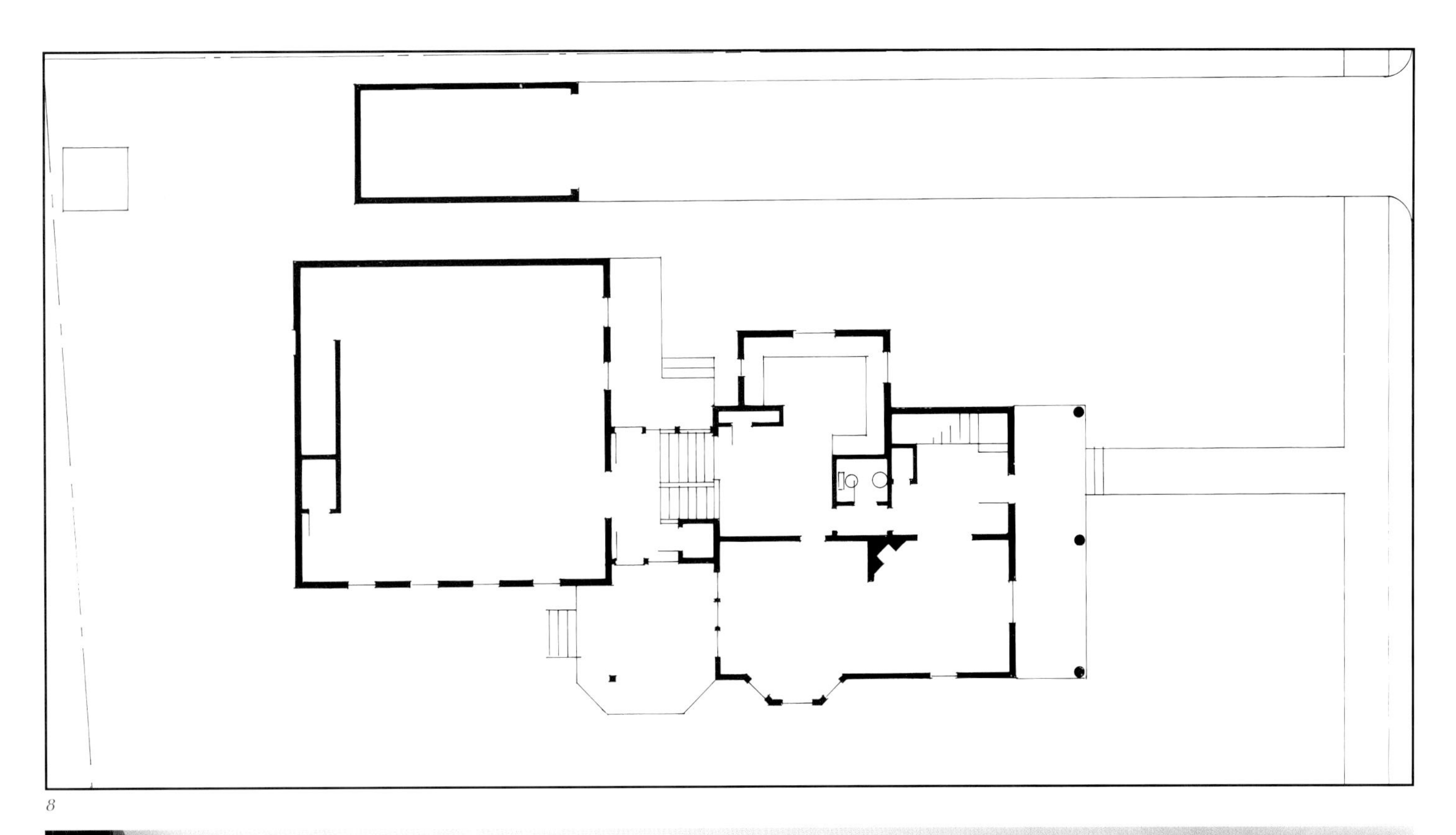

8

9

Opposite:
Family room from link to main house
11 Glass-block wall screens view of driveway beyond
12 Detail of cherry, steel and glass screens

对面图:
从通向主要房间处看家庭活动室
11 玻璃砖墙挡住外面汽车通道景观
12 樱桃木、钢及玻璃屏风细部

11

12

MCINTURFF HOUSE + STUDIO

Bethesda, Maryland, USA
Completion: 1982–2000

麦金塔夫别墅 + 工作室

美国　马美兰州贝特斯达
1982–2000 年完成

位于波托马克河附近一处当时处于被忽略状态下的邻里单位，它在开始时只是三栋衰败的村舍。

经过二十年持续的努力，其现状是拥有别墅、工作室、花园、亭子、车库、泳池及平台。该别墅开始时是两个简陋的小木屋。现在在二者之间窄小的空间里增加了一座楼梯，将二者联为一座别墅。第三座小屋变成了工作屋，有效地将生活和工作结合起来。它们在这块一英亩大小的山边场地上形成了有点像一个村庄似的一堆房子。只要时间和精力允许，这种变化似乎还将继续下去。

Site axonometric　基地轴测图

West façade (circa 1986)　西立面(约为 1986 年时)

JAKOB RESIDENCE

Washington DC, USA
Completion: 1989

雅可布别墅

美国　华盛顿(哥伦比亚特区)
1989 年完成

此项任务是要以最小的投入，使一座不大的 20 世纪 30 年代建造的联排式别墅，能够最大限度地加强与邻近的一处城市公园之间的关系。我们为之增建了一间朝向公园的房间，以及其屋顶上为主人摆放他搜集的仙人掌的露天平台。钢管梁柱从结构上使得别墅的后墙可以敞开，并支承上面新建的屋顶平台。那里，钢架进一步向上延伸，在平台上面形成一个覆盖金属网的拱形结构，为下面的平台遮阴。

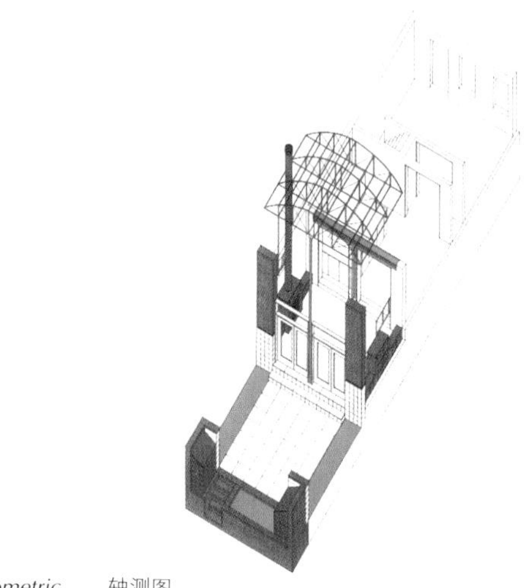

Axonometric　轴测图

Exterior view　外观

KNIGHT WEEKEND HOUSE

Front Royal, Virginia, USA
Completion: 1989

奈特周末别墅

美国 弗吉尼亚州 弗兰特·罗亚尔
1989 年完成

这个周末小别墅坐落在一片坡向一条河流的开阔的草原上。它是筒子楼式别墅的变种，房间前后排列，顺地势逐步向下跌落。墙的颜色和材料用以表明佣人使用的空间和服务空间以及承重和非承重的结构。所有一切都覆盖在简朴的屋顶下，那种在那个地区农业建筑中通用的简单形式。当地人把这座房子叫作"吉普赛大篷车"，如果不是出于对整体构成表示敬意，至少也希望是出于友好和善意吧。

Great room 起居室

Downhill elevation 朝下坡的立面

TAYLOR RESIDENCE II

Washington DC, USA
Completion: 1991

泰勒别墅二期

美国 华盛顿（哥伦比亚特区）
1991 年完成

这个任务是全面翻新一座19世纪城市邸宅，包括重修其原有临街立面。通过开发它以前的地下室，为之增加了一个新的，即第四个生活用楼层；而新建背立面又为房屋增加了四英尺进深。对现有各楼层的设计主要尊重它的原有的传统风格，而以前的地下室——现在是厨房和餐厅——却较少受原有美学观点的限制，放手运用了金属、石材和粉刷———一个20世纪风格的"净室"。

Kitchen 厨房

Rail detail at rear window 后窗处栏杆细部

SPRING VALLEY RESIDENCE

Washington DC, USA
Completion: 1991

斯普林·瓦利别墅

美国　华盛顿(哥伦比亚特区)
1991 年完成

通过将典型美国式的，朝向街道的起居室改为厨房，并使新的起居室面向花园，使别墅与花园相互延伸形成序列：这等于是在重申对私人空间的领有权。里里外外简约的细部，自然的材料——桃花心木、花岗石、铝材——使这个开放式的平面里外统一起来。以屏风墙、推拉隔扇以及主要沙发区上面的铝穹顶，将空间适当分隔，但并不完全断开。该穹顶又以抽象的形式再现于背立面处。

FEFFER YINGLING BEACH HOUSE

Rehoboth Beach, Delaware, USA
Completion: 1992

费弗·英林海滨别墅

美国　特拉华州，雷霍布斯·比奇
1992 年完成

这个度假别墅坐落在近大西洋海滨之一条风景如画的运河边上，西侧则可眺望一处湿地保护区。别墅面向运河的一面由三座高低不等的阁楼(客房、主人房和共用房)构成，并由首层连续的柱廊和平台联接在一起。大伙在大屋子及其带纱窗的前廊聚会，后者就像一个内庭院——一处开敞空间，但又遮风挡雨不受蚊蝇骚扰。梁柱结构体系将大屋子与前廊连接在一起，但又使它们与相邻的比较简单的房间分开。

Kitchen　厨房

Garden façade　花园立面

Double-height screened porch　两层高带纱窗的前廊

Canal façade　运河一侧立面

HARTH RESIDENCE

Bethesda, Maryland, USA
Completion: 1992

哈思别墅

美国　马里兰州·贝特斯达
1992年完成

这栋建于20世纪60年代别墅的内部翻新工作，在充分利用原有的开放式平面和坡屋顶下面宽敞空间的同时，又形成了按照使用需要而安排的空间层次。一列居中的庞大橱柜——无论是就其与房间之间的关系来说，还是就其连接或隔开不同使用功能分区的意义上来说，都是处于整栋别墅的中心位置——面向别墅内每一个主要空间，并成为所有房间所需要的任何东西，诸如：壁橱、厨房墙柜、书桌支座、书架、吧台、立体声唱机柜、照明装置，以及摆放艺术品的陈列架。从许多方面来说，它都已成为别墅的心脏，人和空间都围绕它运转。

ANDREWS VIUDEZ RESIDENCE + STUDIO

Mount Rainier, Maryland, USA
Completion: 1993

安德鲁斯·比乌德斯别墅+工作室

美国　马里兰州　雷尼尔山
1993年完成

这个小项目通过仔细设计，加工改造，解决了好几个问题。一个顶棚低矮的屋顶阁楼变成了一间明亮的绘画工作室；而某些在这栋不嚣张，却曾经一度是讨人喜欢的别墅上，前后胡乱添加的附属物则被适当地给予了处理。

利用原有两坡屋顶中间平的部分加建了一个由原有梁、新扒锔子、枕木和两个圆木柱支承的灯笼状天窗。由于将精力、结构和钱集中用于关键部位，在改善和扩大有效空间的同时，重新恢复了这个别墅原有的质朴却不失隽雅灵秀的形象。

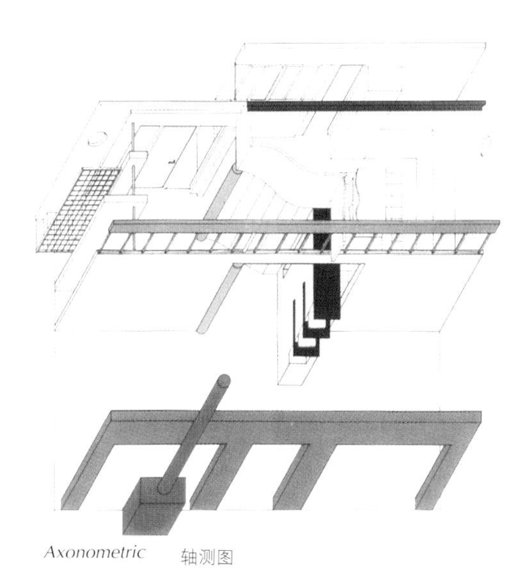

Axonometric　轴测图

Garden elevation　花园一侧的立面

View from entry　入口处

Studio light monitor　工作室天窗

SIGMA NU FRATERNITY HOUSE
GEORGE WASHINGTON UNIVERSITY

Washington DC, USA
Completion: 1993

西格马·纽兄弟会所
乔治·华盛顿大学

美国　华盛顿(哥伦比亚特区)
1993年完成

这栋房子差一点就要垮在兄弟会员们身旁，他们在最后一分钟终于争取到前辈学长的赞助予以修复。对尚留有原来质量痕迹的房间予以原样修复，而地下室则以全新的风格成为一间新的活动室。老的和新的在一樘两层高的通长凸窗处相接，使活动室与上面的新图书室在空间上相通；从而加强了，或毋宁说重申了：学术和社交生活是并存不悖的理念。星期六晚上，当学生们在下面跳舞的时候，上面总是在提醒他们，到这里来还有另外一个理由。

O'CONNOR BEACH HOUSE

Bethany Beach, Delaware, USA
Completion: 1996

奥康纳海滨别墅

美国　特拉华州，贝斯尼·比奇
1996年完成

这栋宽敞的海滨别墅容纳一个三代人的大家庭。九方块网格的平面比较简单，只是各层分隔方式不同。迎街立面墩实，而面向海滩的一面则中间向里凹入以便于取得最佳景观。这样做形成了最重要的一个空间——大平台，其两侧的亭子使得景观的构图更加完美，且可防止来自邻居对私密性的干扰。在这里，家人可以团聚，享受摆脱尘世缠扰之宁静的一刻。

Rear elevation　交谊室，上部为图书室

Social room with library above　后立面

View from beach　面向海滩的立面

Detail of deck tower　平台塔楼细部

BARTLETT IGNANI RESIDENCE

Washington DC, USA
Completion: 1997

巴特莱特·伊格纳尼别墅

美国　华盛顿(哥伦比亚特区)
1997年完成

在20世纪40年代的一座四四方方的砖结构别墅旁，增建的三层塔楼的设计主要考虑形式、结构和材料的轻巧，使其与现有砖石房子形成对比和互补关系。此项新工作完全是围绕着“光”展开的。

外墙是由窗和玻璃墙板形成的网格构成，上面挑出轻巧的屋面给予保护。厨房和家居活动室的内部完全是光及其映像的天下——瓷砖、枫木橱柜、玻璃护墙、浅色花岗石，以及不锈钢台面。

BRONSTEIN COHEN LIBRARY

Washington DC, USA
Completion: 1998

布龙斯坦音·科昂图书室

美国　华盛顿(哥伦比亚特区)
1998年完成

给这座1908年建造的工艺美术运动风格的别墅增建的图书室占用了其侧面庭院的土地。我们知道业主是一个热心的园艺爱好者，所以决定将图书室设计成一个花园式的房间。

一间八角形拉毛粉刷和石头的房子，以一条有点像用窗子封上的凉廊，与别墅联在一起。16英尺宽、12英尺高图书室的室内直至高窗窗台以下好像都泡在樱桃木浆里。白天八面进光，木材闪烁生辉；晚上像一座灯塔，在花园里熠熠发光。

Tower detail　塔楼细部

Kitchen　厨房

Library from new link to house　从新建连廊看图书室

Library exterior　图书室外景

TASKER HOUSE

Rappahannock, Virginia
2000

塔斯克周末别墅

美国　弗吉尼亚州，拉帕哈诺克
2000 年完成

我们客户的这栋可以接待家属和许多客人的周末别墅位于弗吉尼亚的一处草原上。通过色彩、体型以及平面关系，可以令人抽象地联想起当地农村的建筑传统。

APARTMENT HOUSE IN WASHINGTON DC

Schematic design 2000

华盛顿（哥伦比亚特区）公寓

2000 年方案设计

位于华盛顿市一个有历史意义街区的边上，此项新公寓任务的初步设计试图将小别墅规模的立面拼合成一座九层高的庞然大物。里侧，切去通高的一块圆形空间，形成一处人们可以暂时避开世俗缠扰的露天庭院。

Entry courtyard　入口院子

Model – Street façade　模型，沿街立面

Detail of music room　音乐室细部

Model – Rear façade　模型，背立面

RAFF HOUSE
St. Michaels, Maryland

拉夫别墅
美国 马里兰州，圣迈可尔斯

位于马里兰一条河道拐弯处的岸边，这个为老朋友修建的宽敞的别墅被分成若干个"块"。其布局令人联想起东海岸的习惯做法，整齐地分布于一条树阴覆盖之轴线的两侧。计划于2001年秋季动工。

Model 模型

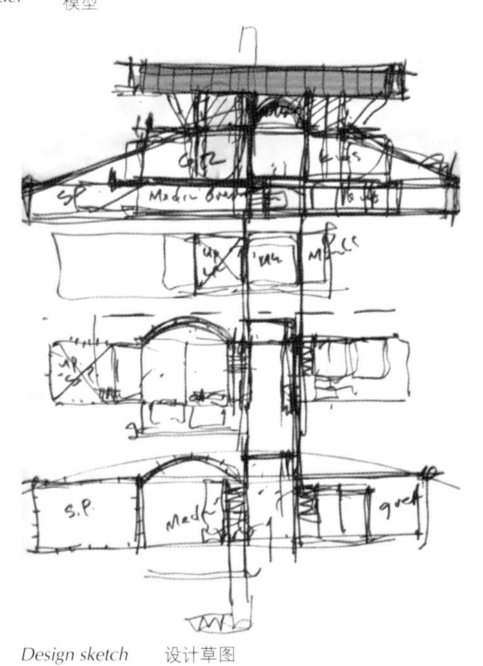
Design sketch 设计草图

ADDITION TO A VIRGINIA FARM
King George County, Virginia

弗吉尼亚一座农舍的增建
弗吉尼亚洲·乔治王县

为这座非凡的现代主义风格农舍(它本身就不是寻常可见的)增建的部分，延伸了它现有刷白之砖砌几何形体；并增加了一座带百叶围护结构的塔楼，内含客房及廊子。新老之间形成了一个可以眺望下面河道景观的庭院。该项目计划将于2002年竣工。

Model of new tower 新塔楼模型

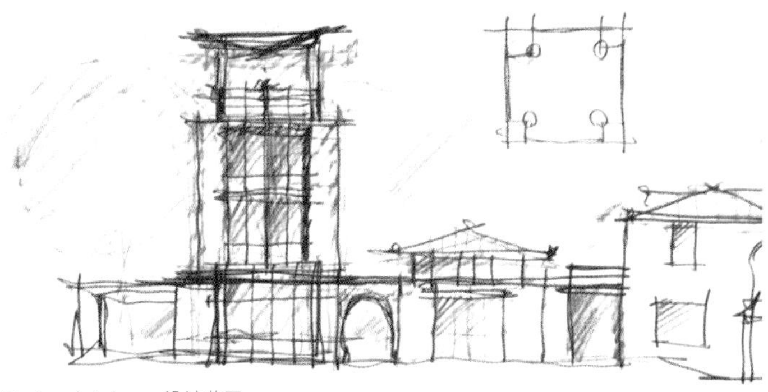
Design sketch 设计草图

FIRM PROFILE

事 务 所 简 介

麦金塔夫建筑师事务所

麦金塔夫建筑师事务所1986年成立于一处山边小村舍，随着时间的推移逐步扩建至可容纳六名成员的公司；其业务基础是多样化的，包括居住和商业建筑，以及规模不太大的企事业单位用房。公司的信念和愿望是希望能成为一个专注于从事小规模项目，但精心设计、施工的生气勃勃的设计事务所。建筑师成员们都参与工程全过程的服务，从制定项目任务书开始直至建筑设计和室内设计；其间并争取业主能充分参与，相互交流，使建成的房屋能最大限度地达到其使用者的需求。我们的作品经常在当地和全国性的媒体上得到报道，公司前后已荣获一百五十多个设计奖项。

马克·麦金塔夫

美国建筑师学会资深会员马克·麦金塔夫是华盛顿(哥伦比亚特区)当地人，于1972年在马里兰大学建筑学院第一届毕业班取得建筑学学士学位。自1980年以来他即在母校任教，目前是助理副教授；并自1995年以来兼任亚美利加天主教大学建筑与规划学院客座评论员。马克·麦金塔夫于2000年时被美国建筑师学会晋级为资深会员。

建筑专业人员

Mark McInturff
Sephen Lawlor
Julia Heine
Peter Noonan
Christopher Boyd

Meghan Walsh
Caroline Sonner
Miche Booz
Julia Harrison
Tom Bucci
Norman Smith
Charles Lehner

行政人员

Cahterine McInturff

实习生及模型制作人

Gjergj Bakallbashi
Kevin Schiller

Nick Snyder
Aaron Wilch
Douglas Campbell
Jin Yong Kim
Edowa Shimizu

WORKS AND CREDITS 工程项目及奖项

弗吉尼亚一座农舍的增建
项目小组：Mark McInturff, Stephen Lawlor
承包商：Bonitt Builders

安德鲁斯·比乌德斯工作室＋别墅
项目小组：Mark McInturff
业主：David Andrtews & Joanna Viudez
承包商：David Andrews & Joanna Viudez
园林设计：Joanna Viudez
奖项：
- 1994 美国建筑师学会马里兰州分会提名表扬
- 1993 美国建筑师学会波托马克山谷区提名表扬

阿姆斯特朗别墅
项目小组：Mark McInturff, Peter Noonan
业主：John & Linda Armstrong
承包商：Bonin & Associates
园林建筑师：Edward Alexander
奖项：
- 1999 美国建筑师学会波托马克山谷地区优秀奖
- 2001《非标别墅》优秀奖

华盛顿(哥伦比亚特区)公寓
项目小组：Mark McInturff, Stephen Lawlor
业主：Furioso Development

巴特莱特·伊格纳尼别墅
项目小组：Mark McInturff, Peter Noonan, Julia Heine
业主：Larry Bartlett & Karen Ignani
承包商：Acadia Contractors
奖项：
- 1998 美国建筑师学会波托马克山谷地区优秀奖

博尔塞克尼克·韦尔别墅
项目小组：Mark McInturff, Caroline Sonner, Julia Heine
业主：Katherine Borsecnik & Gene Weil
承包商：Acadia Contractors
非标木活：A. E.Boland
奖项：
- 1998 美国建筑师学会华盛顿(哥伦比亚特区)市分会—《华盛顿人》别墅设计奖
- 1997 美国建筑师学会巴尔的摩分会—《巴尔的摩杂志》别墅设计奖
- "文艺复兴"优秀奖
- 1996 美国建筑师学会马里兰州分会优秀奖
- 1996 美国建筑师学会波托马克山谷地区荣誉奖

布龙斯坦音·科昂图书室
项目小组：Mark McInturff, Julia Heine
业主：Harriet Bronstein & Tom Cohen
承包商：Roy Goertner
非标木活：Roy Goertner
砌筑：PR Stone & Masonry
奖项：
- 1997 美国建筑师学会巴尔的摩分会—《巴尔的摩杂志》别墅设计奖
- "文艺复兴"优秀奖
- 1998 美国建筑师学会马里兰州分会优秀奖
- 1998 美国建筑师学会波托马克山谷地区优秀奖

库奇周末别墅
项目小组：Mark McInturff, Miche Booz
业主：Jane Couch
承包商：Bruce Behrens
奖项：
- 2000 美国建筑师学会华盛顿(哥伦比亚特区)市分会建筑艺术优秀奖
- 1996 美国建筑师学会马里兰州分会荣誉奖
- 1996 美国建筑师学会巴尔的摩分会—《巴尔的摩杂志》别墅设计奖
- 美国建筑师学会波托马克山谷地区荣誉奖
- 1995 美国建筑师学会华盛顿(哥伦比亚特区)市分会—《华盛顿人》别墅设计奖
- 1995《非标别墅》优秀奖
- 1996 营造商优选优秀奖

科曾斯别墅
项目小组：Mark McInturff, Julia Heine
业主：Todd Cozzens
承包商：Acadia Contractors
非标木活：A.E.Boland
非标钢工：ABC Welding
艺术品：Hemphill Fine Arts
奖项：
- 2000 美国建筑师学会马里兰州分会优秀奖
- 2000 美国建筑师学会波托马克山谷地区优秀奖

丹宁别墅
项目小组：Mark McInturff
业主：Jacqueline Denning
承包商：Shorieh Talaat Design Associates
奖项：
- 1993 美国建筑师学会马里兰州分会优秀奖
- 1992 美国建筑师学会弗吉尼亚州分会《信息杂志》荣誉奖
- 1992 美国建筑师学会华盛顿(哥伦比亚特区)市分会室内设计优秀奖
- 1992 美国建筑师学会华盛顿(哥伦比亚特区)市分会—《华盛顿人》别墅设计奖
- "文艺复兴"优秀奖
- 1991 美国建筑师学会波托马克山谷地区荣誉奖

费弗·英林海滨别墅
项目小组：Mark McInturff, Stephen Lawlor
业主：Gerald Feffer & Monique Yingling
承包商：Bradley Construction
奖项：
- 1994 美国建筑师学会华盛顿(哥伦比亚特区)市分会—《华盛顿人》别墅设计奖
- 1993 美国建筑师学会马里兰州分会荣誉奖
- 1993 营造商优选荣誉奖
- 1992 美国建筑师学会波托马克山谷地区荣誉奖

费勒别墅
项目小组：Mark McInturff, Peter Noonan
业主：Mimi Feller
承包商：Acadia Contractors
奖项：
- 2000 美国建筑师学会弗吉尼亚州分会《信息杂志》荣誉奖
- 1999《非标别墅》优秀奖
- "文艺复兴'97"最高荣誉奖
- 1996 美国建筑师学会华盛顿(哥伦比亚特区)市分会建筑艺术卓越成就奖
- 1996 美国建筑师学会华盛顿(哥伦比亚特区)市分会—《华盛顿人》别墅设计奖
- 1996 美国建筑师学会巴尔的摩分会—《巴尔的摩杂志》别墅设计奖
- 1996 美国建筑师学会马里兰州分会荣誉奖
- 1991 美国建筑师学会波托马克山谷地区提名表扬

汉森·希安纳拉别墅
项目小组：Mark McInturff, Peter Noonan
业主：Roberta Hanson & Frak Sciannella
承包商：Dreieck Builders Group
非标木活：A. E.Boland
室内设计：Michael Foster
奖项：
- 2000 美国建筑师学会弗吉尼亚州分会《信息杂志》年度奖
- 《别墅建筑师》2000 年设计优秀奖
- 2000《非标别墅》最高荣誉奖
- "文艺复兴'2000"当年优秀建筑
- 2000 营造商优选特别荣誉奖
- 1999 美国建筑师学会马里兰州分会荣誉奖
- 1999 美国建筑师学会华盛顿(哥伦比亚特区)市分会室内设计卓越成就奖
- 1999 美国建筑师学会巴尔的摩分会—《巴尔的摩杂志》别墅设计奖
- 1999 美国建筑师学会波托马克山谷地区优秀奖

哈思别墅
项目小组：Mark McInturff, Miche Booz
业主：Alberto & Nadine Harth
承包商：Upright Construction
奖项：
- 1993 美国建筑师学会马里兰州分会优秀奖
- 1993 美国建筑师学会华盛顿(哥伦比亚特区)市分会—《华盛顿人》别墅设计奖
- 1992 美国建筑师学会波托马克山谷地区优秀奖

赫德·滕别墅二期
项目小组：Mark McInturff, Julia Heine
业主：Lane Heard & Mei Su Teng
承包商：Roy Goertner
圬工：PR Stone & Masonry
钢工：Diamond Welding, Dameron Forge
奖项：
- 1999《非标别墅》优秀奖
- "文艺复兴'99"最高荣誉奖
- 1998 美国建筑师学会马里兰州分会优秀奖
- 1998 美国建筑师学会弗吉尼亚州分会《信息杂志》年度奖
- 1998 美国建筑师学会波托马克山谷地区荣誉奖
- 1998 美国建筑师学会巴尔的摩分会—《巴尔的摩杂志》别墅设计奖

林中别墅
项目小组：Mark McInturff, Peter Noonan
承包商：Frontier Construction
室内设计：Susan Agger
园林建筑师：Lila Fendrick
奖项：
- 1998 美国建筑师学会波托马克山谷地区荣誉奖

胡特纳别墅
项目小组：Mark McInturff, Peter Noonan, Julia Heine
业主：David & Susan Hunter
承包商：Acadia Contractors
奖项：
- 1996 美国建筑师学会马里兰州分会优秀奖
- 1997 美国建筑师学会巴尔的摩分会—《巴尔的摩杂志》别墅设计奖
- 1996《非标别墅》优秀奖
- 1996 营造商优秀奖
- "文艺复兴'96"最高优秀奖
- 1998 美国建筑师学会波托马克山谷地区优秀奖

雅可布别墅

项目小组：Mark McInturff, Tom Bucci, Norman Smith, Charles Lehner
业主：Felix Jacob
承包商：Lamont Green
钢工：Dameron Forge
奖项：

- 1991 美国建筑师学会马里兰州分会优秀奖
- 1991 美国建筑师学会华盛顿（哥伦比亚特区）市分会建筑艺术卓越成就奖
- 1990 美国建筑师学会华盛顿（哥伦比亚特区）市分会—《华盛顿人》别墅设计奖
- “文艺复兴'90”优秀奖
- 1998 美国建筑师学会波托马克山谷地区荣誉奖

金氏别墅楼梯

项目小组：Mark McInturff, Miche Booz
业主：Charles & Diane King
承包商：Acadia Contractors
奖项：

- 1998 美国建筑师学会弗吉尼亚州分会《信息杂志》年度奖
- 1991 美国建筑师学会马里兰州分会优秀奖
- 1995 营造商优选优秀奖
- “文艺复兴'95”年度优秀建筑
- 1994 美国建筑师学会波托马克山谷地区优秀奖

奈特别墅三期

项目小组：Mark McInturff, Peter Noonan, Julia Heine
业主：Jonathan & Judith Knight
承包商：Acadia Contractors
非标木活：A. E.Boland
奖项：

- 1998 美国建筑师学会华盛顿（哥伦比亚特区）市分会—《华盛顿人》别墅设计奖
- 1995 美国建筑师学会马里兰州分会优秀奖
- 1995 美国建筑师学会弗吉尼亚州分会《信息杂志》优秀奖
- 1995 美国建筑师学会波托马克山谷地区优秀奖

奈特周末别墅

项目小组：Mark McInturff, Norman Smith, Tom Bucci, Julia Heine
业主：Jonathan & Judith Knight
承包商：Douglas Thomas Construction
非标木活：A. E.Boland
奖项：

- 1993 美国建筑师学会华盛顿（哥伦比亚特区）市分会—《华盛顿人》别墅设计奖
- 1991 美国建筑师学会马里兰州分会荣誉奖
- 1991 美国木工理事会荣誉奖
- 1990 营造商优选最高荣誉奖
- 1989 美国建筑师学会波托马克山谷地区荣誉奖

马丁·肖凯特别墅

项目小组：Mark McInturff, Peter Noonan
业主：Patricia Martin & David Shocket
承包商：Acadia Contractors
奖项：

- 2000 美国建筑师学会马里兰州分会优秀奖
- 2000 美国建筑师学会华盛顿（哥伦比亚特区）市分会室内建筑艺术卓越成就奖
- 1995 美国建筑师学会波托马克山谷地区提名表扬

麦金塔夫别墅 + 工作室

项目小组：Mark McInturff
业主：Catherine & Mark McInturff
承包商：Mark McInturff
奖项：

- “文艺复兴'90”年度优秀奖
- 1988 美国建筑师学会波托马克山谷地区优秀奖
- 1987 营造商优选年度奖
- 1986 美国木工理事会优秀奖

奥康纳海滨别墅

项目小组：Mark McInturff, Peter Noonan, Eve Murty
业主：Pamela & Kevney O' Connor
承包商：Boardwalk Builders
奖项：

- 1999 美国建筑师学会马里兰州分会荣誉奖
- 1999 美国建筑师学会波托马克山谷地区提名表扬

私人别墅

项目小组：Mark McInturff, Miche Booz
承包商：Lofgren Construction
非标木活：A. E.Boland
奖项：

- 1995 美国建筑师学会华盛顿（哥伦比亚特区）市分会—《华盛顿人》别墅设计奖
- 1994 美国建筑师学会马里兰州分会提名表扬
- 1994 美国建筑师学会华盛顿（哥伦比亚特区）市分会建筑艺术优秀奖
- 1994 营造商优选特别荣誉奖
- 1993 美国建筑师学会波托马克山谷地区荣誉奖
- “文艺复兴'93”最高荣誉奖

拉夫别墅

项目小组：Mark McInturff, Peter Noonan, Chris Boyd
业主：Dee & Mei Raff
承包商：Ilex Construction

老城里的别墅

项目小组：Mark McInturff, Stephen Lawlor
承包商：Bonitt Builders
非标木活：A. E.Boland
奖项：

- 2000 美国建筑师学会马里兰州分会荣誉奖
- 1999 美国建筑师学会波托马克山谷地区优秀奖

西格马·纽兄弟会所

项目小组：Mark McInturff, Stephen Lawlor
业主：乔治. 华盛顿大学西格马. 纽兄弟会，德尔塔·派分会
承包商：Hodgson Builders
奖项：

- 1994 美国建筑师学会波托马克山谷地区提名表扬
- 1994 营造商优选优秀奖
- 1993 美国建筑师学会马里兰州分会荣誉奖

斯普林. 瓦利别墅

项目小组：Mark McInturff, Miche Booz
承包商：Hodgson Builders
奖项：

- 1993 营造商优选优秀奖
- 1995 美国建筑师学会弗吉尼亚州分会《信息杂志》优秀奖
- 1991 美国建筑师学会华盛顿（哥伦比亚特区）市分会建筑艺术优秀奖
- 1991 美国建筑师学会波托马克山谷地区荣誉奖

塔斯克周末别墅

项目小组：Mark McInturff, Stephen Lawlor
业主：Connie & Joe Tasker
承包商：Rappahannock Design & Building Company
非标木工：Bob Lucking

泰勒别墅二期

项目小组：Mark McInturff, Miche Booz, Julia Heine
业主：Bonnie & David Taylor
承包商：Heirman Renovations
奖项：

- 1992 美国建筑师学会弗吉尼亚州分会《信息杂志》优秀奖
- 1992 美国建筑师学会华盛顿（哥伦比亚特区）市分会—《华盛顿人》别墅设计奖
- 1991 美国建筑师学会马里兰州分会提名表扬
- 1990 美国建筑师学会波托马克山谷地区优秀奖

华纳别墅二期

项目小组：Mark McInturff, Peter Noonan
业主：David Weiner
承包商：Renovation Unlimited
奖项：

- 2000 美国建筑师学会华盛顿（哥伦比亚特区）市分会—《华盛顿人》别墅设计奖
- 《别墅建筑师》2000 年设计优秀奖
- “文艺复兴”最高荣誉奖

威瑟斯寓所

项目小组：Mark McInturff, Stephen Lawlor
业主：Josephine Withers
承包商：Joe Barry
艺术家：Janet Saad Cook
奖项：

- 《别墅建筑师》2000 年当年优秀建筑
- 1999 美国建筑师学会马里兰州分会优秀奖
- 1999 美国建筑师学会弗吉尼亚州分会《信息杂志》年度奖
- 1999 美国建筑师学会华盛顿（哥伦比亚特区）市分会建筑艺术卓越成就奖
- 1999 美国建筑师学会华盛顿（哥伦比亚特区）市分会—《华盛顿人》别墅设计奖
- 1999 美国建筑师学会巴尔的摩分会—《巴尔的摩杂志》别墅设计奖
- 1999《非标别墅》当年优秀建筑
- 1999 营造商优选最高荣誉奖
- 1990 美国建筑师学会波托马克山谷地区优秀奖

SELECTED BIBLIOGRAPHY 参考文献

Abramson, Susan and Stuchin, Marcie. *Bedrooms & Private Spaces: Designer Dreamscapes*. "Attic Suite," (PBC International 1997). pp. 44-47.

Abramson, Susan & Stuchin, Marcie. *Waterside Homes*. "Maine Attraction," (PBC International 1998). pp. 156-159.

Book, Jeff. "Playing Against Type," *House Beautiful*, September 1997, p. 70.

"Break from the Past," *Home*, May 2000, pp. 116-123, cover.

"Bright & Airy: Open Up the Back," *House Beautiful Home Remodeling & Decorating*, Spring 1994, pp. 52-57.

Brophy, Mary and Silverstein, Wendy. "The Long and Narrow," *Home*, April 1988.

Clagett, Leslie. "Simply for Dining," *Home*, March 1990, pp. 107-108.

Clark, Sally. *Color*, "Reinventing the Modernist Canvas," House Beautiful Great Style Series (Hearst Books 1993), pp. 64-69.

"Classic & Contemporary," *Home*, October 1998, pp. 186-187.

Conroy, Claire and Ensor, Leslie. "The Best!" *Custom Home*, March/April 1999, pp. 77-81, 88-91, 102-103.

Copestick, Joanna. *The Family Home* (Stewart Tabori & Chang 1998). pp. 94

Day, Rebecca. "High Wired Acts," *Custom Home*, May 2000, pp. 62-65.

Deffenbagh, Paul and Moriarty, Anne Marie. "Renaissance '95—Best of the Year," *Remodeling*, November 1995, pp. 94-97.

Dermansky, Ann. "Before & After: Surviving the Space Race," *American HomeStyle*, October 1994, pp. 36-38.

Dickinson, Duo. *Small Houses for the Next Century, 2nd ed.* "Sacred Centerline" (McGraw Hill 1995) pp. 72-77.

Dietsch, Deborah K. "Dream Houses, Real-Life Budgets," *Washington Post*, 15 July 2000, pp. G1, G4-G6.

Dietsch, Deborah K. "Dream Houses: What's Going on Back There?," *Washington Post*, 30 March 2000, p. H7.

Drueding, Meghan. "In the Spotlight," *residential architect*, May/June 1998, pp. 68-69.

Drueding, Meghan. "*residential architect 2000* Project of the Year," *residential architect*, May 2000, pp. 46-49, cover.

Edelson, Harriet. "Rehoboth Modern," *Washington Post*, 22 July 1993.

Forgey, Benjamin. "Cityscape: Starmaking Machinery," *Washington Post*, 16 August 2000, p. C5.

Forgey, Benjamin. "Standouts that Blend Right In," *Washington Post*, 24 August 1991.

Futagawa, Yukio. *GA Houses #11*. "Two Houses by Mark McInturff"

(Global Architecture 1982).

Gelfeld, Elizabeth. "A Tower Looking at the View," *Washington Post*, 15 October 1998.

Geran, Monica. "Mark McInturff," *Interior Design*, February 1995, pp. 118-123.

"Getting It Wright," *Home*, May 1998, pp. 168-172.

Giovannini, Joseph. "Design Notebook: That Fickle Lover in Design Affairs," *The New York Times*, 25 November 1999, p. D4.

Granat, Diane. "Dream House," *Washingtonian*, October 1998.

"The Great Divide," *Home*, April 1997, pp. 128-133.

Hallam, Linda. "Liberated by the Hallway," *Southern Living*, February 1992, pp. 70-71.

"Hardwood Applications," *Asian Furniture News*, September 1996, pp. 88-89, 93.

"Heaven Sent," *American HomeStyle Kitchen & Bath Planner*, Summer 1994, pp. 66-68.

Herbers, Jill. *Great Adaptations* (Whitney Library of Design/Watson-Guptill Publications 1990) pp. 122-127.

Herbst, Robin. "House Proud: Conquering the Quirks of a Basement," *New York Times*, 3 March 1994, p. C4.

Herbst, Robin. "House Proud: Creative Ways for Inside Living to Drift Outside," *New York Times*, 9 June 1994, p. C4.

"It All Adds Up," *Home*, June 1998, pp. 137-143.

King, Carol Soucek. *Designing With Light: The Creative Touch*. "Material Transformation" (PBC International 1997) pp. 114-117

Kousoulas, George and Claudia. *Contemporary Architecture in Washington DC*. "Knight House," (The Preservation Press/National Trust For Historic Preservation, 1995) p. 303.

Kirchner, Jill. "A House for All Ages," *American HomeStyle & Gardening*, November 1998, pp. 85-91.

Kirchner, Jill. "Suite Retreats," *American HomeStyle & Gardening*, June 1998, pp. 66-67.

Landecker, Heidi. "Industrial Evolution," *Architecture*, April 1991, pp. 88-91.

Lobdell, Heather. "Welcoming Walls," Better *Homes & Gardens Bedroom & Bath*, Fall 1997, pp. 82-87.

McInturff, Mark. "Weiner Residence: Simple Wood Forms Make a Case for Understatement," *Wood Design & Building*, Spring 2000, pp. 18-21.

McInturff, Mark. 'When Home is the Office," *Custom Home*, July/August 1995, pp. 48-51.

McKee, Bradford. "Tectonic Steps," *Architecture*, March 1996, pp. 141-143.

Maviglio, Steven. "The Porch and How it Grew," *Decorating Remodeling*, June/July 1992, pp. 20-21.

Mays, Vernon. "McInturff Scores a Clean," *Inform*, Spring/Summer 1992, pp. 28-31.

"Modern Living," *Home*, May 2000, pp. 150-155.

"More Living Room," *Home*, March 1999, pp. 86-89, cover.

Nadel, Barbara A., FAIA. "Old Town's New Home," *Inland Architect*, volume 117 no.1, pp. 38-43.

Nesmith, Lynn. "Casual in the Capital," *Southern Living*, June 1995, pp. 140-142.

"Open Minded," *Home*, October 2000, pp. 144-155.

Patel, Nina, Powell, William, and Schuller, Joesph. "Renaissance 2000: Best of the Year," *Remodeling*, September 2000, pp. 44-47.

Perschetz, Lois. "Best Houses of '96," *Baltimore Magazine*, October 1996, pp. 82-87.

Pretzer, Michael. "Split Level Decisions," *Regardie's/Luxury Home Washington*, October/November 1991, pp. 104-107.

"Pure & Simple," Custom Home, *March/April 1995, pp. 52-55.*

"Rethinking the Dining Room," *Home*, November 1996, 138-139, cover.

Rogers, Patricia Dane. "American Original," *Washington Post*, 3 October 1996.

Rogers, Patricia Dane. "Designed to Click in Every Room in the House," *Washington Post*, 18 May 2000, p. H1.

Rogers, Patricia Dane. "Hang It All," *Washington Post*, 6 April 2000, p. H4.

Rogers, Patricia Dane. "Tradition with a Twist at the Delaware Shore," *Washington Post*, 31 July 2000.

Rosch, Leah. "River Light," *Metropolitan Home*, July/August 1996, pp. 84-87.

Seerich-Caldwell, Anja. *Starter Hauser*, (Karl Kramer Verlag 1998) pp. 118-121.

Sheehan, Carol Sama. *Kitchens*, House Beautiful Great Style Series (Hearst Books 1993) pp. 16, 64.

"Sleekness and Light," *Home*, March 2000, pp. 96-105, cover.

Smith-Morant, Deborah and Wilhide, Elizabeth. *Terence Conran's Kitchen Book* (Overlook Press, 1993) p. 187.

Smith, Norman. *Small Space Living* (Rockport Publishers/AIA Press 1995) pp. 13, 17, 20.

Stipe, Suzanne E. "A Simple Plan," *Baltimore Magazine*, October 1999, pp. 70-75.

"Thoroughly Modern," *Home*, February 1997, pp. 90-97, cover.

Vandervanter, Peter. "Minimalist Effort, " *Regardie's*, October 1990, pp. 38-41

Ward, Timothy J. "Local Hero," *Metropolitan Home*, October 1988, pp. 116-121, cover.

Weber, Cheryl. "Into the Light," *Remodeling*, October 1998, pp. 72-79.

"Well Crafted Kitchens," *Home*, September 1994, pp. 118-119.

Zevon, Susan. "Wood, Stone & Willpower," *House Beautiful*, July 1998, pp. 110-115.

ACKNOWLEDGMENTS 致谢

我赞成小规模的设计事务所——那种能够保持明确的目标和一致的愿望，每个人都可以和需要做各种工作的那种事务所。我们有意识地使我们的事务所保持为小规模，并将继续设法使之如此。我很难想象有哪位建筑师，他的工作质量随其事务所规模的扩大而提高。

我认为和同一小组人长时间共事的一个优点是能够带来只有持续互动才会形成的一种彼此之间的默契。我有幸能和同一组人多年共事，他们和我一起分享对本书所述工程项目的成就感。史蒂芬·劳勒(Stephen Lawlor)，朱利娅·海涅(Julia Haine)和彼得·农南(Peter Noonan)都曾经是我在马里兰大学的学生，可以说我们是一起长大的。还应提到的是，本书摄影主要是朱利娅·海涅的贡献，最后，我要感谢我的妻子凯瑟琳，作为办公室主任，她使我们能保持在经济上正常合法地运转。

我承认建筑师所起作用的重要性，也承认起这种作用之人的重要性。然而我们真正感激那些实施我们设计作品的众多承包商和手艺人，在很多情况下他们帮助我们深化对自己设计的作品的理解程度。他们人数太多，不能在此一一列举，但是他们的成就在对这些作品的褒奖中得到了充分体现。此外，要感谢新建筑顾问工程师事务所，特别是沉稳持重的罗伯特，为我们项目所作贡献。

最后，感谢我们的客户。他们经常被要求放手信任我们的判断，而令我常常感到诧异并十分欣赏的是，他们竟然这样做了。

马克·麦金塔夫，美国建筑师学会资深会员
马里兰州 贝特斯达
2001

INDEX

索 引